爱与离别都是宠物想教你的东西

Philipp Schott DVM
[加]菲利普·肖特 著

杜梨 译

中国出版集团　现代出版社

序言

　　世界上关于人生的比喻有很多。我虽然不是一个宿命论者，但当我在构思这本书时，脑海中首先想到的比喻就是多米诺骨牌。第一块倒下的多米诺骨牌，是我发现了可以通过写博客释放我的写作冲动。这块多米诺骨牌推倒了另一块，源于人们意识到他们更喜欢我关于兽医的博客，而不是那些关于威士忌和旅游的博客。随之而来的是，有人建议我把这个博客的内容写成一本书。ECW出版社认为这个建议不错，于是，《宠物医生爆笑手记》在2019年的春天出版了。咔嗒咔嗒，噼里啪啦，越来越多的多米诺骨牌接连倒下。我非常震惊，这本书卖爆了，它已经被翻译成了波兰语、匈牙利语和中文。紧接而来的是关于我下一本书何时出版的问题，有时候几乎每天都会被人问到这个问题。我的下一本书？我的确有写另一本书的想法，但我也知道，这些人特指的是另一本关于兽医的书，我非常确定我已经说了关于兽医学我想说的一切。

　　但是我错了。那个代表问题的多米诺骨牌一倒下，我脑海中就产生了一系列讲故事的想法。兽医学的确是一个故事引擎。可以肯定的是，作为兽医，我们也会遇到大量平淡和超级无聊的事情。但是，在人类、动物、爱、金钱、生命、死亡、混乱和美的碰撞下，兽医经历的每一天都是独特的，都能为故事引擎提供动力。那么，下一块多米诺骨牌是什么？第三本书？一本关于如何检查金刚狼的、像木偶戏的书？一本关于形意舞（interpretive dance，指以舞蹈手段模拟动植物及其他自然事物的拟人化舞蹈）的书？其中一本要比另外两本更有可能。但是我已经品尝过惊喜了。事实上，我的生活总是出现各种惊喜，而且我喜欢这样的生活。

目录

第二部分 猫咪们

第一部分

THE PART ONE

狗狗们

史努比的魔法消化系统

圣诞节前后，每当进入2号检查室，我仍然时不时地会想起迪克茜·帕夫卢克，尽管那件事已经过去快20年了，尽管那个装着"从宠物身上取下来的怪东西"的展示罐好像已经被扔掉了。我想，员工们可能已经厌倦了每次打扫卫生都被它恶心到的生活。

迪克茜来的时候，恰好是我们圣诞节后营业的第一天。平时，它是一只极其活泼的小凯恩梗——活泼程度即使按照这个品种的标准来评价也不为过——但是那一天它却很安静。一般来说，如果我靠近零食罐，它就会跑到我身边，带着"那么，你要给我好吃的还是其他的什么"的表情。但那天，它只是躺在帕夫卢克太太的脚下，看都没看我一眼。帕夫卢克太太是个寡妇，她的孩子早就不在温尼伯住了。每周五晚她都要和自己的朋友玩扑克，除此之外，迪克茜是她最好的朋友、最亲密的伴侣。这些年来，她养过好几只凯恩梗，但她不止一次地告诉过我，迪克茜是它们之中最棒的。帕夫卢克太太经常穿着织有凯恩梗画像的毛衣。那天，帕夫卢克太太穿着一件新的红色毛衣，上面有一只用大大的格子拼成的凯恩梗。

"咦，迪克茜今天看起来不太妙呀，它从什么时候开始这样的？"我问道。

"前天，就是圣诞节那天，它不想吃饭，即使是它最爱的零嘴儿。我以为它只是在平安夜吃得太多了，所以开始并不太担心，但昨天它还是不吃。"帕夫卢克太太患有帕金森综合征，她的双手不停地颤抖，而焦虑让颤抖变得更厉害了。

"好的。那它把吃的都吐了吗？"

"没有，但是它做了呕吐的动作。"帕夫卢克太太学着狗的样子张开大嘴，同时伸长了脖子，好像打哈欠。"开始没有什么声音，但后来有一些呕吐的响声。是不是有什么东西卡在它喉咙里了，医生？"

"不太像，但也有可能。你在平安夜喂了它什么特别的东西吗？"

我知道，读到这里，有些同事会立刻指出我的错误。也许他们还会像《欢迎回来，科特》（*Welcome Back, Kotter*）中的霍沙克知道问题的答案时那样，向空中伸出双臂，说"噢，噢，噢"。我得为自己辩解一下，得提醒他们这是很久之前的事了，并且向他们保证，我确实从这次错误中得到了教训。但先让我们回到迪克茜的问题。正当我想问几个问题时，迪克茜站了起来，反胃了几次，就像帕夫卢克太太描述的那样，最后的声音比我预想的更响、更猛烈。我把迪克茜抱起来，放在检查台上。它的肺部没有杂音，肚子摸起来很软，里面也没有什么异物，但是它有点低烧。其他异常点就是，当我触摸它的气管时，它会咳嗽。帕夫卢克太太认为是有什么东西卡在它喉咙里了。为了打消她的疑虑，我打开迪克茜的嘴，竭尽全力往里看，但看得还不够远。我把它放回地板，然后坐到椅子上，开始发表我的诊断结论。

"我很肯定的是，迪克茜得了某种犬舍咳。一般情况下狗狗们不会因此停止进食，但是它还有点儿发烧，所以它可能有点儿细菌感染之类的。给它用点儿抗生素，过段时间就会好的。"

"谢谢您，医生，一知道它的病不严重，我就松了口气。"

此处插入不详的音乐。

平安夜过了4天后，我再次见到了迪克茜。它仍然没有进食，还变得更抑郁，几乎不动了。帕夫卢克太太本可以早点来的，但那个周末我有事儿，她宁愿等我也不愿去急诊。现在我也开始担心了。这很显然不是犬舍咳，或者其他呼吸系统感染。我们为它做了血检，并照了X光。有个护士抓住我说道："菲利普，快过来看看这个X光片。有个奇怪的东西在这里。"

是的，确实有奇怪的东西。就在迪克茜的胸前，在稍稍高于心脏的地方，有个高密度、不规则的物体，可能有1.3厘米宽。那是一块骨头，深深地卡在它的食道里，而食道这根管子连接着嘴和胃。

帕夫卢克太太是对的,从某种意义上来说,她的判断比我之前的判断准确。

由于我们正要关门跨年,也没有任何办法提供迪克茜住院需要的服务,便把迪克茜转到了急诊。我觉得没有必要为了讲述一个完整的故事而让读者们听一些鲜血淋漓的医疗细节,所以决定概括一下那天发生的事情。最终,她们决定尝试借用内窥镜切除那块骨头。她们取出了那块骨头,但不幸的是,还发现迪克茜的食道内层有一大块无法修复的撕裂伤。可怜的迪克茜挣扎了两三天,但无济于事,帕夫卢克太太不得不忍痛让它离去。

一两个星期后,帕夫卢克太太来了,给了我一张感谢卡,并和我聊了聊天。我不确定自己是否有资格得到这张感谢卡。我非常懊悔最初的误诊,她则非常懊悔给迪克茜喂了排骨当零嘴儿。她说,她定期给迪克茜喂排骨吃,次数也不少。实际上,迪克茜只是在特别的日子吃到了日常的零食。它以前从来没出过事。当我问帕夫卢克太太,是否给迪克茜喂了什么不寻常的食物时,她的确说了实话。

离开前,她递给我一个用棕色的纸包裹着的小物件——那块骨头。我把它放到罐子里,安置在2号检查室的架子上。它的一边是一块巨大的石头,这块石头曾把圭多——一只小小的博美狗——的膀胱占满了。它的另一边是从动物体内剥离出来的寄生虫。从迪克茜体内取出的骨头在那里提醒我，我应该经常问"吃了狗粮之外的什么东西吗"？而不是问"它吃了什么不寻常的东西吗"？这也提醒我要告诉人们，查尔斯·M.舒尔茨（Charles M. Schulz）[①]（上帝保佑他的灵魂）误导了许多养狗的人，他画中的史努比可以轻易地吞下一堆骨头，就像吃一堆品客薯片一样。但是很明显，史努比是一只神奇的狗狗。只有当你的狗狗开始与红男爵战斗并装饰圣诞树时，我们才能讨论要不要给它们喂骨头。如果你的狗狗和史努比不同，那么请记住：吃骨头可能是很危险的，尤其是猪骨和家禽的骨头。

老实说，罐子里的骨头有点让人恶心，所以我明白它为什么没了。但关于它的事我全记得。

P.S.

一些读者可能会提出反对意见，说在农场养大的那只狗就吃猪骨头和鸡骨头，而且活到了103岁；或者提出其他类似的论据。那只狗可能从来没有看过兽医，在它超自然的漫长生命里甚至从来都没有见过兽医，而且那只狗能在暴风雪中跑30千米，去帮助手臂卡在吹雪机里的老爷爷。无论如何，我只能说，这样的狗狗再也生不出来了。

[①] 查尔斯·M.舒尔茨（1922—2000），被称为"史努比之父"。——编者注

P.P.S.

接下来的一两天，你们其中的一小部分人（但也有一定数量），脑袋中会不断循环《欢迎回来，科特》的主题曲。不用感谢我，真不用。

淘气兔四世（Rascal Rabbit Four）

一般来说，当我在撰写有关患者和委托人的文章时，会更改他们的姓名。但有些时候，出于各种各样的原因，我就不改了。这一次是因为每当我想起淘气兔四世这个名字时，都会情不自禁地笑，如果没有这个名字，它的故事就完全不一样了。它的主人用罗马数字中的"IV"来给它做标注，但是"IV"在医疗背景下容易令人迷惑。淘气兔四世之所以叫这个名字，是因为它是塞兹尼克夫妇所拥有的第四只名叫淘气兔的白色雄性泰迪。

当年，厄尔和多莉·塞兹尼克肯定是一对摩登夫妇。多莉80多岁了，仍然穿着短裙，踩着高跟鞋，涂着糖苹果色的口红，厄尔则把灰色的头发打理成蓬巴杜式①的，还戴着一条时髦的围巾。他开着一辆白

---

① 蓬巴杜式发型是一种经典的男士发型，特点是两侧头发较短，中间的较长并往后梳，以塑造帅气、炫酷的形象。——编者注

色的敞篷凯迪拉克爱都来到了诊所,淘气兔四世待在多莉的腿上,头伸出了车窗,还伸着舌头,长耳朵在微风中摆动着,享受着乘车旅行的快乐,哪怕它是去看兽医。其他3只淘气兔已经不在了,但是我得知,塞兹尼克夫妇原本没有打算为这个名字增加数字。很明显他们最开始是因为很难接受第一只淘气兔的离去,所以决定再养一只尽可能相似的狗,并将它命名为淘气兔,然后继续养下去,像什么事都没有发生过一样。最后,别人委婉地跟他们说,这样可能会让人感到迷惑,所以他们在名字中增加了数字。

前几天,当我读到一篇关于宠物克隆的文章时,又想起了塞兹尼克夫妇的困境。1996年,绵羊多莉被成功克隆,在当时是一个令人震惊的科学突破。自此,克隆技术飞速发展。克隆过程不断被完善,已经不存在任何技术性壁垒。现在,已经有好几家公司提供克隆猫狗的服务。尽管该服务的价格在不断下降,但对大部分人来说,还是很贵的。克隆狗需要花费约5万美元,猫的价格低一点,马同样也可以克隆,价格在8.5万美元左右。

为了方便讨论,我们假设这个费用并不是天文数字,你能够负担得起。你正打算买一艘帆船,却买了一只狗,你认为自己能从一只狗身上得到更多快乐,因为这只狗就像你的老朋友一样。然而,问题出在"就像"这个环节。一个克隆体并不是原样复制品。想一想几乎相同的人类双胞胎，他们互为对方的克隆体。虽然过程不一样，但基因结果接近。如果你认识任何一对双胞胎就会明白，他们几乎无法被区分开，但也仅仅是几乎。

DNA是一种特殊的小分子，同一批基因在不同的个体中可能以不同的方式表达自己。这是表观遗传学（epigenetics）的基础，属于复杂的学术研究，我会粗略地概括成一句话。如果你想了解更多，可以去查查资料。为了方便讨论，简单来说，克隆体或双胞胎可能有一样的DNA，但是他们并不会在所有方面都一模一样。一样的只是外表。性格的差异可能更大，因为性格的形成主要依赖于生命体一生中经历的各个随机事件。这些微小差异对你来说或许并不重要，但对许多人来说，这就像在看一幅有处细节与原作不一致的名画复制品。比如，蒙娜丽莎眼睛的颜色变成了绿色而不是棕色。尽管这两幅画大致相同，但你会止不住地琢磨这个差异。

颇为著名的克隆犬拥有者之一是芭芭拉·史翠珊。2017年，史翠珊心爱的图莱亚尔绒毛犬（类似于比熊犬）萨曼莎死去了，于是她决定对它进行克隆。保险起见，史翠珊将它克隆了两次。现在，斯卡莉特（Scarlet，猩红）小姐和维奥莱特（Violet，紫罗兰）小姐——为了区分它们，她根据狗狗穿的裙子颜色给它们命名——都长大了。但是，在最近的一次采访中，史翠珊不经意地提到了一个我认为非常棘手的问题。不管是由于表观遗传学还是其他随机因素，这两只狗都与之前那只狗存在着细微的差异。而这些细微的差异，就像蒙娜丽莎的绿色眼睛，有可能成为人们眼里的沙子。整个投入的过程里，你会不断地去比较以前的和现在的、原来的和克隆的、深爱的和还未深爱的。当然，人们总是不顾一切地进行比较，但当我们期待某两个细节一定要如出一辙的时候，这些比较就会带来焦虑。我认为，细微的差异也是不可思议的，就好像外星人占据了地球人的身体，但并不百分百合拍。也许只是我这么想吧。也许99%相似并非一个问题，因为它只比100%稍稍差一点儿；也许它的确是一种解决方式，因为它远超80%。但是，如果庇护所处在满员状态，而80%的小猫咪急需一个家，那么或许还需要从另外一个角度来考虑这个问题。

塞兹尼克夫妇对这个争论有着不同的态度。他们不止一次地告诉我，淘气兔四世是最棒的。事实上，他们觉得每一只都是前一只的提升版，因此每次都庆幸没有碰到与前一只一模一样的。四世是淘气兔的终极版本。可惜的是，没有淘气兔五世。等到淘气兔四世去世时，塞兹尼克夫妇已经没法再养一只狗了。厄尔不久就去世了，而多莉患了阿尔茨海默病。好在他们俩这一生长寿幸福，或者我应该说他们6个。我非常想念他们。

菲多VS这个世界

城市中遇到野生动物的下场分3种。

第一种，被喷了

在见到布朗尼之前，我就能闻到它的气味。整个诊所的人都能闻到布朗尼的气味，诊所旁边的邻居们能闻到布朗尼的气味，甚至开车经过波蒂奇大道（Portage Avenue）的人们也能闻到布朗尼的气味。但是布朗尼并不在乎，它依旧是我们喜欢的那个开心的、摇着尾巴的、巧克力色的拉布拉多犬。布朗尼一驾到，每个人都会喊："我的天哪！这是什么气味？臭鼬干的吗？"

是的，正是如此。布朗尼被臭鼬喷了一身。布朗尼自己可能觉得无所谓，但它的主人感觉有点儿糟心。她因把它带过来而不断地向我们道歉，说自己并不想将它抱进屋子里。由于它刚刚在院子中遇到了臭鼬，她也不想将它留在院子里，除非她确定院子是安全的。另外，那时是炎热的大夏天，她也不能将它留在车里。唯一能带它去的地方就是诊所，这个她急切希望能给自己一些帮助的地方。我们的确储有除臭剂，于是一位勇敢的兽医技师套上一件大罩衫，然后带着布朗尼——还摇着尾巴——去一个距离较远的房间除臭。布朗尼是幸运的，它的眼睛没有被喷到，因为臭鼬喷出的物质对眼睛的刺激很大；而且它刚刚打了狂犬病疫苗，看起来没有直接与那只臭鼬接触——在曼尼托巴（Manitoba）省，臭鼬是常见的狂犬病病毒携带者。

现在，你们中有些人，特别是我这一代或者更年长一点的人，可能会想到电视里的一个经典镜头：那些被臭鼬喷过的狗泡在番茄汁中。真的，别这么干。首先，番茄汁显然比酶性清洁剂更贵；再说，它实际上没啥用，它会让你的狗变得一团糟。这种方法看起来有用是因为它能引发所谓的嗅觉疲劳，在嗅觉疲劳的作用下，你的鼻子闻到的都是番茄加恶臭的臭鼬的混合气味，以至于你闻不到臭味。但其他任何一个遇到这只狗的人还是会闻到它身上的臭味，直到他们也陷入嗅觉疲劳。等番茄气味消失，你就有了一只又粉又臭的狗。如果你真的想要一个居家疗法，可以上网搜搜，3%的过氧化物、小苏打和洗碗液的混合物确实有效（搜索"臭鼬喷雾过氧化物配方"即可获得详细说明）。

从另一个角度来看，你和你的狗借此见证了大自然的奇迹。臭鼬小肛门囊喷出的喷雾能到达3米远，这种喷雾的气味在5000米外都能被闻见，而且只要浓度达到10/10亿就能产生臭味。因此，往你的恐惧中添上一点惊奇吧。

第二种，被扎了

在有豪猪的国家里，每个诊所都会遇到这个问题。"受害者"在城市中可能只有一两只，但在农村地区有不少。我说的是"刺儿狗"。我们用这个名字称呼它们，是因为犬类的脑袋中似乎有个脑回路想要解答"怎么有些野兽满身都是刺，好神秘呀"的疑问。你可能会认为，弄得满脸是刺能起到震慑作用，防止它们再次接近带刺的野兽，当然这是那些带刺的野兽的目的。但是对"刺儿狗"来说，这是一个必须破解的谜题，一个必须想出答案的智力游戏，一个需要战胜的神秘对手。然而带刺的野兽还是保持着神秘，它们通常都能逃之夭夭。

最终的结果就是，这些"刺儿狗"会在兽医面前一次又一次地出现，让兽医来拔掉它们身上的刺。这种情况在医学上通常不会很严重，但常常带来很大的麻烦。在少数情况下会很严重，因为有些刺会扎进眼睛或者深入喉咙。还有种罕见的情况是它们能迁移到身体内部。通常情况下，那些可怜又迷茫的狗狗会被麻醉，兽医会想尽办法将刺找出来。兽医一旦找到它们，就能轻松地将它们移除。如果兽医漏掉了几根刺，你也不要觉得不安！那些在身体表面折断的刺很难被找到。你也别认为这是个可以自己动手的工程——如果你的狗狗没有被注射镇静剂或被麻醉的话，兽医可能会漏掉更多的刺，而且这个过程中狗狗会十分痛苦。

从好的方面来看，豪猪刺都被一种抗生素包裹着。我们现在仍然常常将抗生素作为预防处方。情况比你预期的要好，因为狗被豪猪刺扎伤继而发生感染的情况并不多。你可能在想，为什么豪猪对其他动物那么友好？并非如此。被豪猪刺刺伤频率最高的动物就是豪猪自己——当它不小心从树上摔下来的时候。这比你想象的要更常见。豪猪并不是一种特别优雅的生物。

在我们了解第三种下场之前，我想澄清一个关于豪猪的谣言：它们不能发射，也不能投掷自己的刺。它们能做的只是非常快地跳向对手，用自己的尾巴猛击对方，再跳开逃走——依旧不是很优雅，但快如闪电。

第三种，被咬了

俗话说，凡事都有第一次。然而，我怀疑这可能是我最后一次看到这样的场景。伯纳德太太带着达菲——她美丽的金毛寻回犬——进来了，它刚刚跟一只河狸干了一仗，还输了。它的爪子上有一组非常完美的凿子形的穿刺伤口。一只河狸与一只寻回犬打了一架，并且把寻回犬打败了，就在温尼伯城这儿。

来,让我们详细谈谈这事。

先说最重要的一点。温尼伯城里有许多河流与小溪,实际上这里住着很多河狸,这些河狸自己过得很美。我怀疑大部分温尼伯人从来没有见过河狸,但是如果他们沿着河流、小溪去遛狗,他们的狗狗肯定能嗅到河狸的味道,并且被其吸引。是的,达菲就被吸引了。它太好奇了,以至于扑进小溪中去寻找气味的来源。

这让我想到了另一件事:河狸也是打架的高手。关于河狸,我们有一种普遍的偏见,即它们亲切可爱但不够聪明。人们对河狸的印象还停留在卡通片中的形象——它们天性善良、勤劳努力,平时很温顺,只关心自己的事情,很少注意其他东西。是的,它们亲切又勤劳,也很乖,但前提是你没去招惹它们。达菲去招惹它们了。那只河狸试图游走,但达菲跟着它靠近了河狸的窝,在那里河狸决定发起攻击。它使劲抽打并撕咬达菲的爪子,达菲被吓着了。这是场单方面主动出击的决斗。达菲可能准备咬河狸一口,但马上就改变了主意,飞奔回到它那受惊过度的主人身边。

2013年,在白俄罗斯,一只河狸袭击了一名60岁的渔民。它咬伤了这名男子的动脉,并导致了男子的死亡。这也许能让你们对我们这里看起来滑稽可爱的国宝动物多一点新的认识。

奥比特的休息日

奥比特今天早晨没有吃早餐。这好像在说，今天早晨天空是紫色的，充满了绿色的圆点。换句话说，这件事基本上不可能发生。或者说这只是我的想象而已。奥比特是我家一只7岁大的喜乐蒂牧羊犬[①]，它的生物钟就像潮汐一样，是一种不可阻挡的自然力量，至少在它生命停止之前，是不可阻挡的。有一天，我被这种奇怪的变化弄糊涂了。起初，我只是迷惑地看着它，它也盯着我，可能也同样迷惑。然后，我将它的碗放到它的鼻子下面，制造了各种我能发出的噪声来鼓励它，好让它吃饭。这招不管用，于是我把狗粮放到自己的手里，假装吃了它，发出"嗯——嗯——嗯——太好吃啦"的感叹。是的，我这样做了。奥比特茫然地看着我。我并不认为它是在判断我这么做的真实性，但也知道自己没能说服它。

在这个时间节点，我的理智与情感展开了一场对话。

情感小人："哦，天哪！它不吃东西。它从来不会错过任何一顿饭，从来不会！出什么问题了？"

理智小人："冷静下来。你的患者总会有这样的时候，如果只是一两顿饭的话，你要告诉你的顾客不要担心，它们可能就是胃不舒服。"

情感小人："我想起来了，它昨天还吐了。噢，我的天哪！"

理智小人："是的，好吧，那又怎样？那也是胃不舒服，没啥大事。"

情感小人："但它有可能得了很糟糕的疾病，难道不是吗？会有那种特别糟特别糟的事。我们应该带它去诊所，验个血，拍个X光片。有必要的话，还要做超声检查。以防万一，对吗？"

理智小人："你是认真的吗？听起来你已经像个可笑的偏执狂了。"

情感小人："但是它看起来既伤心又忧虑。"

理智小人："你在投射自己的感情。对我而言，它只是看起来十分迷惑，因为我们一直盯着它看。"

情感小人："它可能会死！我会非常怀念它的！"

理智小人："别表现得像个怪人。它不会死，最起码今天不会。我们给它点小零食，看看它到底怎么了。"

我离开了房间，回来的时候拿了一小块冻干香肝，毫无疑问，这是它的最爱。它闻了闻，然后很开心地吃了下去。

理智小人："看吧，你的小狗狗，它一切正常。它就是今天不太舒服。"

情感小人："但是，你还记得前几天你给巴迪做安乐死的事吗？记得吗？它吃完小香肝，几分钟之后就死了！它得了癌症！癌症！开始的时候也有呕吐和食欲不振的表现，不是吗？"

理智小人："我的天！你冷静一下！巴迪还有一堆症状，而且奥比特没有得癌症。我告诉过你了，它就是今天不舒服而已，就好像电脑出了个小问题或者别的什么事情。昨天呕吐，今天它的胃口正常，它正常了，不是吗？没有继续呕吐，像往常一样想出去散步，跟我们打招呼，爱吃小香肝……"

情感小人："是的。"

理智小人："那么，让我们再给它一些时间。如果48小时之后，它的胃口还没有恢复，或者它出现了其他症状，我们再带它进诊所。这个建议听起来还行吗？"

情感小人："好的，但愿你是正确的。小子，如果你错了，我将永远不会原谅你，再也不会信任你。再也不会！"

我讲述这个故事是想形象地说明：宠物主人有时候觉得自己很蠢，在他们的宠物不太舒服的时候只能将它们带到诊所来，忽略了自己长期被训练去教小学生、计算税款、修理计算机，而不是给生病的宠物做诊断。因此，这听起来非常合理，他们的情感往往会占据上风，并且偶尔（或是经常）将他们的理智摔在地上。所以，没必要觉得自己很蠢。你知道吗? 有时候情感是正确的,而理智是脱离现实的。

在这个案例中,理智是正确的,奥比特只是有点不舒服罢了。

蒙蒂的故事

没有什么事能够比一个人跑到门口大喊 "快帮帮我! 我的狗在停车场摔倒了! 我想它死了! "更能吸引兽医的注意了。

我们的一位兽医和两名护士跳起来,跑出去帮忙。1 分钟后,他们抬着担架回来了,上面躺着一只混血中型犬。它的名字叫蒙蒂·雅各布,它虽然没有死,但明显遇上了点儿麻烦。它呼吸困难、牙龈苍白。雅各布太太被吓坏了。我的兽医同事是个非常冷静的姑娘,她安抚雅各布太太并告诉她,我们会尽全力稳住蒙蒂,不管发生什么,我们都会以最快的速度采取救治措施。

15 分钟之后,我们给它拍了一个 X 光胸片。它的心脏看起来个儿巨大。

"哦,不,这又是一个右心房血管瘤(right atrial hemangioma)。"他们让我看了一眼,我脱口而出。我指的是一种常见的可以引起心脏外表面出血的癌症。血液被心包膜——那个包裹着心脏的膜——困住了，使得整个心脏在 X 光下看起来被撑大了。

"你有时间做个超声检查吗？"我的兽医同事问我。

"可以的，我给它插个号。这只狗太可怜了，检查会很快的，因为很容易就能看见症结所在。"

但是我错了。检查并不快，蒙蒂并没有得出血性癌症，而是患有扩张型心肌病（Dilated Cardiomyopathy）。扩张型心……什么？我会在这为你停顿一下。"dilated"指扩张型，就是你知道的那个意思——被撑大了。"cardio"意思就是"心脏"，"myo"指肌红蛋白，它通常存在于人体的心肌及横纹肌内，"pathy"表示"疾病"。把这些合在一起，你就知道了一种关于心脏肌肉的疾病。这个病会导致心脏变得虚弱，并且逐渐变得像个松垮的肥袋子。

这不应该啊。我们只在一小部分种群中见到过扩张型心肌病，因为这是一种基因遗传类疾病。蒙蒂可能是猎犬与哈士奇的混血，也可能是猎犬和德国牧羊犬的混血，或者是猎犬与……的混血，谁知道呢？它是一只典型的"亨氏 57"[①]。在解答不可避免地以"为什

① "亨氏 57"是 1896 年亨氏的创举。"57"是指亨氏公司在一年的 52 周内可以为顾客提供与通常的食品不同的食品，加上圣诞节、感恩节、新年、独立日和复活节 5 个节日的节日食品，顾客在一年中可以享用 57 种全新的佐餐食品。这里指的是小狗串了不知多少代。——译者注

么"为开头的问题之前，我通过描述屏幕上显示的一些不太重要的细节来拖延时间，突然，我脑海里响起了一个小小的（比喻的）声音——叮。

我转向狗主人问道："你都喂蒙蒂什么吃的？"她说了一个食品的牌子——我以前没有听过这个牌子——还提到这种食品不含谷物。现在我明白了。

两年前，开始有大量报道说一些狗得了看起来像扩张型心肌病的疾病，但这些得病的狗与以往的种群记录不相符。私人兽医没能发现其中的规律，因为他们只遇到一两个病例，但心脏病学者发现了规律：这些狗都吃了不含谷物的食品，这些食品来自一些"精品"品牌。

我要在这一点上稍做拓展。我说的"精品"是指那些相对来说小批量生产的食品，生产这些食品的公司的员工没有获得动物营养师认证，也没法进行合理的科学饲养实验。当前，这些公司的无谷物食品非常受欢迎。我可以毫不犹豫地说，这些食品之所以流行，是因为两个错误观念。第一个错误观念是犬类对谷物过敏的现象非常常见。事实上，犬类对谷物过敏的现象十分罕见。当说到谷物过敏时，通常是指对某个单一类别的谷物过敏，如小麦，而不是对所有谷物过敏。第二个错误观念是狗实质上是狼，因而不应该吃谷物。狗与狼之间的联系,就像你与尼安德特人之间的联系(听着,我在拿你做假设)。我们现在知道进化的速度要比我们之前认为的快得多。与那些远古狼及尼安德特人相比,如今的犬类、人类在生物学方面都有了很大的不同。

将谷物排除在外的问题在于,狗的确需要摄入碳水化合物,所以这些公司用豆科植物,如青豌豆、小扁豆和鹰嘴豆代替谷物。一把豆子对你的狗来说是一份健康的食物,但是如果把这作为它食物的主要部分就是个问题了。具体的机制我们还没有完全弄清楚,但看起来与这种情况有关:豆类除含有碳水化合物之外还含有蛋白质,而豆类蛋白质中氨基酸的既定比例造成了狗的心脏问题。

我们认为这份名单里只有一小部分公司涉及无谷物食品生产,然而这份公司名单还在增长,所以我们无法确定哪种特定的无谷物食品是安全的。既然这样,尽管也有一些好的无谷物食品,但眼下我们不得不推荐你喂狗狗们一些传统的食品,最好是在营养学方面稳扎稳打的大公司生产的。你可以找你的兽医要一份罗列了这些公司的名单。你如果正在用"精品"无谷物食品喂狗,也请不要惊慌,这个问题并非那么普遍,但是你真的需要和你的兽医谈谈更换食物的事情了。同时,你也不要觉得愧疚,许多这种"精品"无谷物食品品牌特别擅长营销,让我们觉得就该这么喂。

扩张型心肌病有对症的药,如果服用及时,许多病患的病情能够得到控制。但糟糕的是,扩张型心肌病发病可能没有警告信号。蒙蒂在身体垮掉之前的几天里,只是变得有点虚弱,以及有点呼吸困难。这很典型。我们希望通过换掉它的食物来阻止它的心脏进一步遭受损伤,我们也期望有些损伤能够得到逆转。

在蒙蒂之后,我遇到了数十个像它这样的病例。有几个十分不幸地没能存活,还有一个就死在我面前。但是蒙蒂恢复得很好,它喜欢新食物。

狗狗中的瘾君子

拉尔夫已经完全不是它自己了。很难说它到底有什么感觉,这只年迈的德国牧羊犬几乎无法走路,每次试图迈出一步,都跌跌撞撞、摇摇晃晃。

"如今它的风湿更加严重了!"索伦森太太说道,明显有点不安和担心。

尽管它明显在站立和行走方面有困难,但这看起来根本不像风湿的症状。

"你给它吃了什么治疗风湿的东西吗？"我问道，心中悄悄地产生了怀疑。

"它吃了它该吃的氨基葡萄糖和鱼油，最近我开始给它一点大麻二酚（cannabidiol）油。只有一点，大夫。"

怀疑得到确证——拉尔夫药物成瘾了。

这应该不会和大麻二酚油有关，因为理论上这种油不含有任何四氢大麻酚（tetrahydrocannabinol），也就是大麻制品中的精神活性物质，但这仅仅是理论上的。

最近几年，大麻二酚油已经从一个鲜为人知的陌生名词成了宠物主人每天谈话中的常见词。真的是严格意义上的"每天"。在长年的工作实践中，我见过这种现象。在我近几年的记忆中，维生素E、紫锥菊、椰子油等都曾作为包治百病的灵丹妙药风靡过。在互联网时代，造谣一张嘴，辟谣跑断腿，很多故事都被夸大了，或几乎不可能发生。在每个案例里，这些东西最终并没有治好癌症、逆转肾脏疾病，或者显著地"优化了免疫系统"，而是在那些有特殊情况的病患面临的一系列选择中找到了合适的位置。但它们在这个位置上发挥的作用比那些狂热者所期盼的要小得多。要是像他们想象得这么简单就好了！

这也会是大麻二酚油的归宿。人们想将它应用在治疗各种各样的宠物疾病上，疾病种类多得令人害怕。目前我们有证据能证明它可能对4种疾病行之有效：癫痫、焦虑、呕吐以及风湿。但在实际使用中也有些问题。

第一个问题是缺少相关研究。尽管现在已经有很多工作在开展，我们也希望马上能得到明确的结果，但眼下我们所知道的这些都源于江湖传言和推断。关于其他药物，也有数不清的类似的事例说明。江湖传言和推断误导了我们，所以我们必须小心谨慎。

第二个问题，正如拉尔夫的经历所表现的那样，我们同样缺乏质量管控和规范。被四氢大麻酚污染的情况并不少见。我见的例子不多，但的确还见到过另一只有着同样经历——也药物成瘾——的狗，就在拉尔夫来过之后。有些报道称，大部分可购买的大麻二酚油还被农药和其他令人担忧的物质污染了。你如果做好了准备，可以搜索一下"被污染的大麻二酚油"。当进行药品检测的时候，一些产品要么只含有一点大麻二酚油，要么根本一点都没有。而且，所有这些都可能因为生产批次的不同而不同。也就是说，虽然玛吉姑姑的柯基滴了三滴"好地球大夫纯天然神圣小瓶装手工制大麻二酚油"后容光焕发，但这并不能保证这玩意儿会在你的狗身上显现同样的效果。

请有点耐心，人类。如果我的狗有癫痫，我也可能会试试大麻二酚油，但是只会在有科学研究成果证明且质量得到保证之后（比如，不会仅仅因为健康食品商店里那个扎着小辫子的帅小伙的推荐而使用）。如果你的狗正在遭受癫痫、严重焦虑、慢性呕吐或者风湿病痛的折磨，而且由于其他药物不起作用，你觉得你失去了耐心，那么请先咨询你的兽医，再给它用大麻二酚油。相关媒体或权威机构定期会有新资讯。

一天之后，拉尔夫好些了。现在，索伦森太太正在学着更有耐心。

三条腿和一条备用腿

"看到那段发光的白色线条了吗？那是正常的骨头。"我正在向福尔瑟姆夫妇展示贾斯珀的 X 光片。"再看看这儿。"我指着肱骨的一个区域，那里看起来既宽又模糊，好像有人用廉价的橡皮擦把照片弄模糊了。"这块骨头不正常。很抱歉，这看起来恐怕是骨癌。"

福尔瑟姆夫妇愣了一阵，什么也没有说，而贾斯珀，一只瘦削的 7 岁大的黄色拉布拉多串，摇晃着尾巴，看着他们夫妇俩。

然后，福尔瑟姆先生用一种平稳的、非常克制的声音说道："这么说，它没救了。你确定吗？"

"为了确保结果正确，我们应该做一次活检，因为也可能是其他疾病，但是我觉得这种可能性不太大。我很抱歉，这对你们来说肯定是个很严重的打击。如果活检确定了是癌症，我会建议截肢并且……"

福尔瑟姆先生打断我："不行！我们不会这样做。我们不能让它受苦。"

福尔瑟姆太太把手放在他的胳膊上，让他不要说了，然后转过来对我说："医生，我们再谈谈。先做活检吧，然后再看。"

一周内，贾斯珀确诊了骨肉瘤——一种骨癌。我们还做了一系列检查，看看有没有转移，以及癌症有没有扩散到身体的其他部位。最后，有一些好消息：这些测试结果都是好的——阴性。福尔瑟姆夫妇想过来谈一谈他们的选择，他们十几岁的孩子们也在场。

介绍完情况，也喂了贾斯珀饼干后，我开始说："如果贾斯珀是我的狗，我会给它截肢。它足够年轻、健康，符合截肢条件。如果不截肢，它摔断那条腿的风险很高，因为癌细胞已经严重地侵蚀了骨骼。如果我们什么也不做，根据平均预期寿命，它也就只能再活6到8周。"

"就这么点时间是吗？只有6到8周？"他们的女儿问道。

"是的，平均来看是这样。实际存活时间可能比这短也可能比这长，但是不会长多久。这也是为什么我想让你们考虑截肢，那样它会很快摆脱疼痛，并且不会再有骨折的风险。经过手术加上化疗，平均寿命可能会延长差不多1年，有20%的狗的寿命延长了2年多，而且1年对一只狗来说已经是很长时间了。另外，和人类相比，对狗而言，化疗更温和，副作用也更少。"

"但是它用3条腿怎么生活呢？"福尔瑟姆先生问道，他的双手在胸前交叉，脸上明显充满疑惑。

"这就是作为一只狗或者猫的妙处了。它们只靠3条腿也可以过得很好！你会很惊讶的。28年来，老实说，我从来没有见到有主人回来说他们后悔做了这样的决定。当然了，我们必须保证剩下的3条腿处于良好状态，否则那就不仅仅是走不了路了。"

"看起来，它会有三条腿和一条备用腿！"他们的女儿说道。福尔瑟姆先生的眼睛直勾勾地盯着前方。

非常精准。我没法找到比这更好的表达——3条腿和1条备用腿。说服人们做这样的决定是非常困难的，但这是能给病患带来好处的诸多方法中相当突出和直接的方法之一。它不仅对贾斯珀这样的病例有好处，对一些复杂的骨折病例也有好处。我把它比喻为拔掉坏牙。在那种时刻，那颗牙齿就是一个麻烦，不会带来任何好处，只会带来疼痛和风险。

当然，这个方法并非适用于所有患有骨癌的狗或者猫。我并不想让那些经历过类似事情但并没有选择让宠物截肢的人为他们的选择感到后悔。宠物的年龄可能是一个重要的影响因素。中年以后，每增加1岁，宠物的情形就会让做决定这件事变得更加复杂，狗越大，老得越快。此外，正如我提到的，其他腿必须是健康的，如果是患有癌症，一定要确保癌症不会扩散。最后，说实话，我真的不希望这件事跟钱有太多关系，但是手术加上化疗，花费可能成千上万元。

巧的是，为了治疗某种病而去掉身体相应的重要的部分，这个普遍的原则对治疗眼睛也适用。对于一些青光眼患者来说，他们的眼压过高，药物没法起作用，眼球又肿又疼。在这种情况下，眼睛就是累赘，就如龋齿和患癌的腿。当人们被医生推荐摘掉眼睛（这个操作叫作"眼球摘除术"）时，有时候会倒吸一口凉气，但就和截肢一样，一旦克服了心理障碍，没有人会后悔把眼睛摘掉。没有人。

动物在这方面就很妙了。它们很少有身体形象方面的困扰，看起来好像并不在乎有多少牙齿、眼睛，或者腿。特里·福克斯[①]将会感到骄傲。

我想你一定会猜到，福尔瑟姆一家4口有3人投了赞同票。贾斯珀，这只在许多方面都超出其他狗的狗，其寿命也超越了平均存活时

---

① 特里·福克斯是一位加拿大的平凡青年。1977年，他被检查出罹患癌症而被迫截去右腿。1980年他发起特里·福克斯义跑（希望马拉松），目的是号召每人为癌症研究捐赠1加元。

间。它在16个月的时间里，用3条腿在公园里追逐小松鼠、嬉戏玩耍，直到我们放手让它离去。他们发誓，它和以前有四条腿的时候跑得一样快。它也一定和以前一样快乐。

汪汪·旺旺旺先生

我自己的狗是一只漂亮的喜乐蒂牧羊犬，名字叫奥比特。和其他许多狗狗一样，它也有好几个昵称——奥博斯、奥比、奥比多、毛茸茸大师、笨笨蛋，以及最近新取的汪汪·旺旺旺先生——因为和其他许多喜乐蒂牧羊犬一样，它学会了汪汪叫。一开始，它叫得并不多，但是你可以看出来它常常想这么叫。我的妻子洛兰和我都是兽医，了解这个品种，于是非常小心地劝阻它不要叫了。有些人错误地认为，可以把他们的狗训练到只在陌生人出现的时候叫。他们可能会成功，但在大多数情况下不会。一只狗一旦找到了叫的理由，就会出于各种原因去汪汪叫。"那片叶子，它可能是个威胁！不要信任叶子"，或是"好的，现在我知道那个噪声就是我虚构出来的，但它也有可能是野蛮人入侵的信号"等想法都是狗叫的诱因。无论发生什么事，我们都不允许奥比特汪汪叫，但这就像是给一罐装满硝酸甘油的罐子盖上盖,你知道迟早有一天它会爆炸的(是的,是的,我知道硝酸甘油不会被装到罐子里,如果真发生了,把盖子打开就是让你减少担忧的办法。只要你能想象那个画面就行)。

有一天晚上,我的4个朋友突然出现在我家门前,敲门声很大。我打开门后,他们大摇大摆地走了进来。这吓坏了奥比特,以至于它的5个神经有4个重新排列了(我说它很漂亮,但没有说它很聪明)。它开始朝他们愤怒地汪汪叫。从那以后,不管什么时候有人敲门,它都会叫,而且,当它认为有人在敲门的时候也会叫。这包括了一系列足以让人目瞪口呆的敲击的声音,与之相关联的事有做饭、打扫卫生,以及广义上的全部生活活动。在我劝了别人许多年别让狗叫以后,我自己也养了只会叫的狗。当我一不小心把木勺碰到锅边时,这只狗会叫得像个精神错乱的小傻子。

现在问题清楚了,那么我们的解决方法是怎样的呢?对狗狗而言,养成一个坏习惯是世界上最容易的事情,这点和人一样,但是想要摆脱一个坏习惯就完全是另外一回事了。这一点也不公平,对不对?它需要付出许多努力和许多时间。最基本的是,你要使坏行为消退,并且正面强化好行为。现在,在我继续之前,我需要强调的是,使行为消退的方法对规范大部分狗狗的行为来说都不是第一选择。比如,当你在家训练一只小狗时,你忽视了坏行为(并且正面强化了好行为），或者当你试图阻止一只狗咬你的鞋子时，你将它的行为从坏行为引导到其他地方（并且正面强化了好行为）。在大多数情况下，忽视或者再引导是个方法。但是，忽视对纠正汪汪叫的行为没有用，像奥比特这样的情况，再引导也不起作用。它叫得非常投入，是个像工作狂一样的吠叫者。

这听起来有些可笑，但是现实的问题是，你如何持续不断地管束它。对一个吠叫者来说，正面强化已经足够了。如果有人敲我们的门，而奥比特没有叫，那么它就会得到表扬和大量的奖赏。出现相反的情况时，惩罚措施就要更加严格。我推荐使用玩具水枪和园艺喷水壶，同时伴随着坚定的"不"。每当它汪汪叫的时候，你就用水枪喷它，同时尽可能用粗暴的声音说"不"。关键在于坚持。犬吠会自我强化，就是说它每次汪汪叫都会让它更想再汪汪叫一次。如果它叫了三次，你只用水枪喷了它一次，那么汪汪叫这种行为就赢了两次。从操作角度看，这就意味着你要在家的各个角落都放上玩具水枪或者水壶，以保证在任何时候都能使用它们。或者，你也可以在自己的手枪皮套里放一个，但你可能会感觉这样开门不是很自在。无论如何，你想取得效果的话，必须连着做一千次。这确实令人疲惫。

如果碰巧你的狗是那种非常喜欢被水喷脸的怪胎，那你必须找一些其他它不喜欢的东西，比如体育赛事中发出巨响声音的口哨等。

我并不推荐犬吠项圈。那些喷洒香茅素的项圈在刚开始的时候可能是有用的，但是我发现许多狗狗慢慢就学会了忍耐香茅素喷剂。这种项圈的确有好处，你不在家的时候，它也能对狗叫行为进行惩罚。但是，仅凭喷水，你也可以通过控制剂量达到你想要的效果，正如以前被证明过的一样。刚开始，只要有一些水滴在奥比特脸上，它就会停止汪汪叫。但现在我们常常要用将近一壶水，才能让奥比特闭上眼睛、低下脑袋，停止汪汪叫。

我真希望自己可以在这里结束这个故事。毫无疑问，我成功了——聪明的兽医战胜了愚蠢的嚎叫狗。但是生活中少有如此简单的事。还记得我说的坚持是关键吗？很多时候，我找不到喷水壶，或者我腾不出手来，或者我离它太远，或者出现了其他阻碍状况。简言之，我们坚持不下来。它虽然叫得少了，但对我而言还是叫得太多了。不过，假如野蛮人入侵的事情真的发生，那么它会给我们足够的预警。事情总有好的一面。

扁平的脸蛋儿

现在，你可以在任何地方看到它们。我敢保证，我最近在工作中遇到它们的概率是过去的3~4倍。英国的统计数据显示，在过去的10年里，它们的占比从96%升至3104%，上升比例因这个种群的特定品种不同而不同。我第一本书的封面上有一只，我的一个合伙人最近也买了一只。我说的是扁平脸蛋儿的狗，严格来说，我们将其称为短头犬（brachycephalic breeds，翻译为"短头犬"，我觉得这个说法是准确的，特别是当你从侧面来看的时候），如英国斗牛犬、法国斗牛犬、拳师犬、哈巴狗和波士顿梗犬。许多品种都有极其流行的时候。在20世纪六七十年代，德国牧羊犬和可卡犬比现在流行得多；不久之前，金毛寻回犬是大家眼中很酷的品种；现在轮到短头犬了。

首先，我得说，我爱这些狗。当然，我喜欢所有的狗（对有的喜欢多点，对有的喜欢少点）。在所有病患当中，我特别喜欢这些扁平脸蛋儿狗，因为遇到它们中性格温和、脾气好的成员的概率更高。注意，我写的是"概率更高"，而不是"一定"。没人可以保证所有事情。当一只脸蛋儿扁平的狗狗行为失常的时候，你看——给它们的短鼻子戴上口套可是非常困难的！但是大多数情况下，它们都很配合，因此它们成了家庭中值得信赖的宠物，这也解释了它们受欢迎的部分原因。

但是——你知道这里有个"但是"，不是吗？大多数时候，我们需要在这个品种的好脾气和普遍存在的一大堆健康问题之间进行权衡。是的，确实是一大堆。这一点非常重要，因为人们会反驳说，所有的品种都会有它们自己的问题,它们的表亲有一只"亨氏57"杂交犬,它也有各种问题啊!再说一次,这是个概率问题,像投骰子一样,或者说像随机排序。与大部分狗狗相比,短头犬的潜在问题的清单要更长,在一些情况下,它们不幸将潜在问题演变成真实问题的概率更高。一个非常普遍的经验法则是,狗如果看起来越不像它的祖先(想象一下野狗和狼之间的某种动物),那它可能出现的健康问题就越多。

在这里,我们谈论的是哪种问题呢?很明显,将一只狗的鼻子压成扁的会导致它出现呼吸问题。事实的确如此。这些狗中的大多数都会打呼噜,有些人甚至会认为这很有趣,但打呼噜证明气道狭窄,因而空气很难通过。通常情况下,嘴巴的顶端被向后推得太远,甚至延伸进了气道,由此产生的梗阻可能严重到需要手术治疗。过于狭窄的鼻孔也常常需要做手术。这些狗狗也更容易得癌症,尽管确实有遗传因素在起作用,但也与它们头部的解剖结构有关,还有一些证据表明慢性低氧也可能是原因之一。以上就是呼吸问题。排第二名的是牙齿问题。它们的牙齿数量与一般的狗差不多,但牙齿被挤在更小的空间里,严重的牙病最常见不过了。再则是皮肤问题。鼻子周围的那些褶皱处很容易患皮肤病,因为各种碎屑、油脂和眼泪很难排出,空气也很难进入。还有眼睛问题——眼睛越突出,就越容易得病或者受伤。还有窄窄的屁股,这是某些种群的"品种标准"里牢不可破的一部分，让剖宫产几乎成了强制性手段。

我只列出了常见的问题，此外还有其他问题。毫无准备的主人常常被这些情况弄得措手不及，他们总是顶着巨大的压力，这使得动物保护协会和救助中心救助的纯种狗之中，扁平脸蛋儿狗的比例很高。

实事求是地说，英国小动物兽医协会（British Small Animal Veterinary Association, BSAVA）与科学家、动物福利组织及繁育组织一起成立了短头犬工作小组（Brachycephalic Working Group），目的是降低这个品种的流行度。为什么繁育者要参与这样的事情？我们常认为有了全心投入、知识渊博的人们去做繁育工作，发生一些严重问题的概率就会降低，但当一个品种变得流行，业余爱好者就会蜂拥而至。这些业余爱好者可能是出于对发现的新品种的热爱，或者单纯只是为了赚钱：这些狗目前的售价是那些不那么受欢迎的狗的3倍。不管动机是什么，业余育种的后果就是，由于缺乏技术、知识以及在基因检测和筛查方面的投资，狗的遗传性问题增加了。这显然不利于这个品种的生存，更不用说受到折磨的可怜个体了，所以专业繁育者在这个工作小组中很重要。

这个小组较先采取的行动之一就是给媒体和广告业写了一封公开信，要求其不要在节目和宣传材料中使用有关这些品种的狗的内容。许多你知道的有影响力的电影，如《101忠狗》《无敌当家6：明星贝多芬》《古惑丑拍档》，其推崇的狗狗品种也在现实生活中受到了热捧。这种影响是真实而有力的。现在，短头犬随处可见，这也助长了市场需求，出现随意繁育的现象。我也应该受到批评，正如我所说的那样，我的第一本书《宠物医生爆笑手记》的封面上有一只可爱的法国斗牛犬的特写。当时，我没有想到这些。

话虽如此，看到一只这样的狗狗来到诊室，我还是会露出微笑。我知道，大概我会得到狗狗的一个微笑和带着口水、鼻涕的热情的问候。

作为线索的鞋子

研究表明，狗的面部表情并不仅仅是在反映内心情感，有时狗狗们会有意识地利用表情与我们交流。换句话说，小狗那种悲伤的乞讨表情不仅仅是一种无助的面部下垂，也是它们想从你那骗取一小块吐司皮的表现。你可能已经知道了这一点，尽管如此，你可能仍会投降，从而积极地强化了它的这一策略。我们知不知道自己正在被操纵并不重要，重要的是，我们常常无力抵抗。

我也没有什么不一样。奥比特（我7岁大的喜乐蒂牧羊犬，如果你之前没有注意到）完全懂得应以什么样的方式看着我，以便得到它想要的东西。虽然这种方法不是每次都有效，但它有效的次数已经足够多，值得奥比特去尝试。然而，有的时候，它的面部表情明显是一种条件反射。鞋子的事情就是一个让我失望的例子。每当我走到门前，奥比特就会跑过来。它可以在其他任何噪声的影响下保持睡眠状态，但不管它在房子的哪个角落，我朝前门走路的脚步声总会惊醒它。它会向我冲过来，摇着尾巴，明亮的眼睛充满期待，唇上还挂着微笑。然后它会坐下来，看我选择穿哪双鞋子。它之所以会这样做，是因为想做它生活中第二喜欢的事情（品尝通过乞求得来的烤面包皮、香蕉块和胡萝卜片这样的事排第一位）——出去散步。像许多狗狗一样，它对散步有着无限的向往。它等着看我穿哪双鞋子，因为它知道，只有某些鞋子才与散步有关。如果我没有穿上这些鞋子中的某一双，它就会发出"啊哼哼"的鼻息声——听起来非常像在表达厌恶，然后离开客厅。然而，一旦我穿上与散步有关的鞋子，它就马上变得兴奋快乐起来。但是它会继续仔细看着我的脸，因为它还知道，我偶尔也会穿上这样的鞋子，却莫名其妙地不带它散步。如果是这种情况，而且我没有说"散——步——"这个词，它真的会很伤心、很失望。这不再是一种哀伤的乞讨，而是它真实的、发自内心的失望。你们中有许多人会赞同我：生活中我们做的任何事情，都没有像把一只想要去散步的狗留在家里那样令人心碎。

看着奥比特这样明显地分析我穿什么鞋，我开始思考，通常情况下狗狗是怎样试图理解我们的。当然，它们知道一些词语的意思。举一个极端的例子，有只著名的边境牧羊犬名叫追逐，它被认为能理解1022个单词。但另外，也有许多狗狗在为理解1~2个单词而使劲努力。可以肯定的是，大多数情况下，后一种情况只是因为缺乏训练，而不是反映了它们的智力水平。最基本的是，当我们试图与狗狗交流时，口语是有局限性的。那么，还有其他语言吗？它们当然也在注意我们的身体语言——我们的手势以及我们实际在做什么，就像奥比特把注意力集中在我穿什么样的鞋上一样。这就是为什么当我有一个可怕的病患时，我会小心翼翼地移动，避免眼神交流，如果可能的话，从侧面接近这只狗。此外，语调是关键。承认吧，在某天，你以一种开心、唱歌般的声音对你的狗说了一些像"你是个小笨蛋"这样的话，搞笑的是，你会发现，你的狗会面带微笑、摇着尾巴，好像在表示同意你的观点："是的，我是一个小笨蛋！"理解这点很重要：当在处理狗的行为问题时——在训练你自己的狗时，你要用一种更大、更深沉、更粗鲁的声音；但在对付一只你不太熟、有点紧张的狗时，你需要用一种语调更高、更温柔的语气。

我喜欢看着我的病患们望着我。它们常常在寻找各种线索。这个穿白大褂的家伙是在找零食罐吗？或者他是在抽屉里面找那些尖尖的东西吗？有些病患对我的行动规律非常了解，从它们的表情当中我能看出它们知道接下来要发生什么。在治疗结束之前，那些紧张的狗是不会接受零食的。令人惊讶的是它们似乎准确地知道治疗结束的时间。我还没有打开门，或者说再见，或者作出任何类似的举动，这些狗狗就从我的语音或者动作中捕捉到了一些东西，这些东西告诉它们现在可以放松了，那个穿白大褂的家伙已经做了最坏的事情而且已经结束了。

不同物种之间交流的这个主题令人着迷。谁没有梦想过有一天成为怪医杜立德，真正地和动物交谈呢？或者拥有一只像《银河系漫游指南》中那样的巴别鱼[①]？但遗憾的是，我们还得继续凑合着用有限的几个词尝试读懂其他线索，这包括选择穿什么样的鞋子（你如果是一个乐观主义者，可以上网搜一搜"狗狗翻译应用"——声称能够将狗叫声和英文进行互译的工具）。

[①] 《银河系漫游指南》是英国著名的科幻小说家道格拉斯·亚当斯的代表作。作品中的巴别鱼以接收脑电波的能量为生，人们把巴别鱼塞进耳朵便能理解任何形式的语言。——编者注

您好，泊松先生

我在想象，对于这篇文章的标题，读者会有两种不同的反应。你们之中的大多数可能会感到疑惑。"Bonjour,Monsieur Poisson？"（您好，是泊松先生吗？[①]）是法语吗？我的一些朋友、同事和工作人员会翻白眼小声抱怨——噢，不，他要讲"泊松聚集"的事情了。又开始了。

坦率地讲，我喜欢"泊松聚集"这个概念以及它所阐释的内容，甚至可能有点过于喜欢。在我看来，理解这个概念是理解许多发生在医学和生活里的事情的关键。

19世纪的法国数学家西莫恩·德尼·泊松（Simeon Denis Poisson）首先描述了现在所说的泊松分布（Poisson Distribution），是的，其中也包括前面提到的"泊松聚集"。他发现并且用数学的方式描述出随机事件并不是均匀分布的，而是散布于许多不同的空间、集合和簇中。换句话说，就是随机的。哼，好像很简单。但是大多数人不会哼

---

① 泊松先生，法语中"poisson"指鱼，英语中"Poisson"为姓氏，此处译为泊松。——译者注

一声就完了,因为直觉上我们似乎认为随机事件的分布应该趋向于均匀。这种直觉是错误的,但非常强大。一旦随机事件聚集在一起,我们就会开始尝试着去找规律。这是我们人类根深蒂固的倾向,可以追溯到我们还是时刻紧张的裸猿时,那个时候我们需要努力与更强大的捕食者在竞争之中求得生存。彼时,充分挖掘一个潜在的规律比对这个规律理解不够要安全得多。

拿一把硬币,把它们扔到地板上,能看到它们是怎么聚集的吗?这就是"泊松聚集"。我们看到的那些空中的云朵又是怎么回事呢?人们有时在老虎机上看到的幸运的连胜纪录,又是怎么回事?当你连着扔出4个6的时候呢?是泊松聚集、泊松聚集、泊松聚集,还是泊松聚集。

菲利普,这些都非常有趣,但我们读你的书并不是为了学习统计理论,有关动物的故事在哪儿呢?

别着急,我马上就讲到了。

正如我在文章开头所提到的,我们一旦了解泊松聚集的普遍程度,就能更好地理解一些原本神秘的医学事件,无论是关于人的还是关于动物的。

小林先生和太太都是很好的人,也是很棒的宠物主人。过去几十年来,他们带了一长串的狗狗到诊所来看病。当我看到那些狗狗的时候，它们都已经很老了。小林先生和太太都很有幽默感，总是面带笑容，工作时能遇到他们真的很快乐。他们也总是遵循我们的建议，想要给他们的狗狗最好的东西，即便有时会损害他们自己的利益。作为宠物主人，他们甚至跟工作人员说，他们如果死了，想转世成为自己家的一条狗狗。因此，要跟他们说点什么坏消息，比对别的宠物主人说要困难。当时，在昏暗的超声室里，我正在检查他们小串串梗的肚子。帕奇斯最近吃得少了，体重也降了不少。

"你们看到这个地方了吗？"我指着一个我确信在他们看来像1955年前后生产的、信号接收效果很差的电视上显示的东西，但是总觉得自己有义务，至少是试着展示一下我所说的东西。

"看到了，医生，那是什么？"小林太太安静地说道。

"非常抱歉，我想那是个恶性肿瘤。这个结果与它的病史和其他检测结果都吻合。"

我们讨论了尝试做活检的利弊（主要是弊）和可能的治疗方案（没有现成的方案）。事情结束后，我再次说我很抱歉，他们对我表示感谢，然后我们3个人静静地坐了很长时间，而帕奇斯一直盯着门口。

接着，小林先生开口了："医生，为什么这种事情会发生在我们身上？这是我们第三只得癌症的狗了。我们到底做错了什么？"

"这确实太糟糕了。我都忘了你以前经历过这种事。虽然医学上很少有极为确定的事情，但是我确定的是——你没有做错任何事情。事实上，你做的每一件事情都是对的。帕奇斯、其他狗狗和你们度过了美好的生活，有关它们健康的方方面面也都在你们的掌控之下，但大部分的癌症并不在你们的控制范围内。即使你们消除了所有明显的危险因素，但恶性肿瘤仍然是一种常见病。有时候你可以降低风险，但不可能把风险变为零。因为它是随机的，而随机事件可能聚集在一起发生。3只狗狗接连得了癌症就是一种随机聚集。这仅仅是普通的、令人心碎的坏运气罢了。我非常抱歉。"

没有，我没有说泊松聚集。我早就学会了坚持说简单的话，尽管有的时候实在忍不住想说一些晦涩的话来显示自己很聪明。以前他们说能理解这种解释，但我确定他们内心还是很迷茫。你知道，这种规律有时候很明显，骰子掷出几点是已经确定了的。关键在于不要假设木已成舟。保持警惕，但不要抓狂。说到底，这就是科学的力量，说得更具体一点，是医疗科学的力量。它给了我们一种解读表面规律的方法。

许多人到了小林的年纪，可能会再三考虑是否要再养一只狗，特别是在3只狗狗都因癌症离去之后。但是过了几个月，我很高兴又在候诊室里看到了他们，他们带着一只漂亮的小狗。我愿意相信，他们开始相信聚集的随机性了。但实事求是地讲，可能性更高的情况是，他们把所有顾虑抛之脑后，享受家里又有一只新小狗所带来的欢乐。

平衡各种责任

作为一名私人执业兽医，你不得不平衡多个方面的责任。你需要对病患、客户、社区、专业、诊断、员工、家庭，以及自己负责。当天气晴朗、光线明亮，而我们心中有歌、天下太平的时候，对于所有这些不同的责任我们都是一碗水端平，不需要思虑过多。

谢天谢地这是常态，但有时也并非如此。

有时候，我们会发现在履行两种或者更多的责任时会遭遇冲突。最常见的情况是，客户会拒绝我们提出的宠物治疗建议。除非客户的决定相当于虐待动物，否则我们无能为力。遵照客户的要求去做，是我们的法定责任，这种责任会战胜我们道德上的责任，使得我们去做那些我们觉得最符合他们利益的事情。当然，这是一种悲哀和令人沮丧的约束，但大多数兽医已经习惯了。当这种约束是由于财政问题产生的时候，是最容易让人忍受的。除非能够免费提供服务（这种情况确实发生了），不然谁都无能为力。当客户绝对有能力听从建议，却不这样做的情况下，约束是最难以令人忍受的。有时候是因为客户顽固无知，有时候是因为其他更加令人惊讶的原因。我现在以马蒂·比奇洛为例进行讲述。

马蒂是一只8岁大的邋里邋遢、毛茸茸的梗犬串串。过去的几个月，它的毛发逐渐变少，因为脱了没有长回来。过去它看上去就邋遢，现在毛皮都露出来了，就好像刚从热风烘干机中逃出来一样。但是你如果仔细观察，就会发现它肚子下方也开始秃了。同时，它喝水更多、排尿更多。这个诊断并不困难。实际上，你如果在网上搜索"狗大量喝水并脱毛"，就会得到正确答案。当然了，我并不是建议你用谷歌搜索取代医学检测；而在这个例子中，谷歌搜索出的答案就是最有可能的结论，的确也恰好是正确的。我们需要通过检测来确诊，是的，马蒂患了库欣综合征，专业上通常将其称为皮质醇增多症（肾上腺过度活跃）。库欣综合征有两种类型，其中更常见的是那种温和型的。患者大脑底部脑下垂体中的一个小结节会过度产生一种激素，这种激素会刺激肾上腺（有两个肾上腺——左边一个、右边一个），导致肾上腺增大，反过来又过量地产生激素。正是这些激素，特别是被称为应激激素的"皮质醇"，导致了这些症状。另一种更少见的、更令人担心的类型是某个肾上腺发生了癌变，导致它增大并产生过量的激素，威胁患者的生命安全。辨别两种类型的最好方式就是超声波检测，这就是我介入的原因。

在此之前，马蒂一直是我同事负责的病患，我也没有见过比奇洛一家。他们衣着整齐、打扮得体，看起来是一对中青年夫妇，非常有礼貌，也很友好。他们很快给我留下了一种理想客户的印象——有智慧，好奇心强，愿意为马蒂竭尽全力。他们显然很爱这只斑秃小怪物。

比奇洛先生将马蒂抱在自己的一侧，在我说了对不起之后，马蒂剩下的毛也被我剃了。从外观来看，我很快确定马蒂的左肾大致正常。这就很糟糕了。通常情况下，如果患了库欣综合征，两个肾上腺都会变大。要么马蒂没有得库欣综合征，要么就是右肾得了癌症。我们轻轻调整了马蒂的位置，再次说了对不起，把它的毛又刮掉了一点儿。很不幸，我的假设是正确的——它的右肾上腺肿大而畸形。马蒂得了肾上腺肿瘤。更糟糕的是，这个肿瘤与尾腔静脉——一条将血液从腹部输送回心脏的主要血管——连得很紧。不过，也有好消息。虽然这里明显有个肿瘤并且癌变了，但没有证据表明它扩散转移了，手术后有很大概率治愈。考虑到它藏在右肾下的位置，而且与尾腔静脉紧密相连，治疗它对一位全科兽医来说并不是件容易的事情。令人高兴的是，温尼伯有一位优秀的外科医生。我向比奇洛一家解释了一切。虽然对诊断结果很震惊，但因为治愈率很高，他们还是松了一口气。花费并不重要，马蒂是他们的孩子，只要这件事情是正确的,他们就会做。而这样做就是对的。我只需要给专家写封电子邮件,确认一些细节就行了。我们握了手,他们笑着离开了。马蒂会没事的。

第二天,我收到外科医生的回复后给比奇洛一家打去电话,让他们知道这名外科医生说了什么,并且得到了他们的确认,预定了手术日程。

"嗯,是好消息。外科医生证实成功的概率很高。唯一的小麻烦是他一个月前已经有了预约,所以,我们考虑转诊到萨斯卡通的兽医学院。我的意思是,这些肿瘤往往生长得非常缓慢,转移也缓慢,所以现在并不紧急。"

"好的,谢谢您,医生。我会跟妻子商量一下,然后告诉您我们想去哪个地方。"

"太棒了。在我看来,哪种方式都是合理的。兽医学院的优势在于,那里有合适的监护病室和经过协会认定的麻醉师,这个手术在温尼伯也做过很多次了。我们当然可以提供非常安全的麻醉方式,并且尽可能地进行任何需要的输血。"

这时,出现了一段长时间的尴尬沉默。

"输血?这有必要吗?"

"呃,通常需要,因为肿瘤跟大静脉离得很近。那名外科医生说,

80%的手术都需要输血，但是不要担心，现在这完全是基本操作，狗狗应付得来。"

"哦，抱歉，但是我们的信仰不允许我们给自己输血，也不能给我们的宠物输血。"

现在轮到我沉默了。这是个新的理由。

我整理了下自己的思路，稳住声音，说道："好的。那我想手术是不可能了。对马蒂来说，让它冒着可能因失血过多而死亡的风险是不公平的，对那些必须看着这个场景的工作人员来说也是不公平的。作为替代方案，服用一种药物可以缩小肿瘤。这个不能治愈它，但是能让它拥有一段时间的高质量生活。"

从那时起，谈话就渐渐停止了。比奇洛先生十分吃惊，因为一次输血竟这么必要，而我也大吃一惊，因为这个约定被打破了。我们两个都惊呆了。

老实说，我非常难受。他们是如此聪明善良的人，也深深地、虔诚地信仰着那个让他们作出如此决定的宗教。这显然与马蒂的最大利益背道而驰。有很多时候，宠物主人无法负担起手术的费用，或者他们觉得自己的宠物太老了，又或者坦率地说，他们就是觉得这样做不值得，但是这是我第一次遇到有人因为信仰拒绝给宠物做手术。虽然，不管出于何种原因做不做手术对狗来说并无差别，但对我而言,感觉却有所不同。

如果这件事发生在人类儿童身上,那法院会驳回父母的请求,并要求通过输血挽救生命。人们认为,社会保障儿童福利的责任大于尊重他们父母宗教信仰的责任。在法律条例中,宠物是财产,所以不存在类似的规定要求我们担负起保护宠物的社会责任。此外,正如前文所提到的,很多人出于各种各样的原因不进行手术。但如果它被车撞了,正在大出血,那该怎么办呢?如果它的伤势不是很严重,但只有输血能救它的命呢?如果他们拒绝了呢?我们有义务在它因失血过多死亡之前让它入睡。或者,如果有可能的话,我们能不能偷偷地给它输血呢?我们能不能把我们对病患的责任放在对客户、对专业人士、对社会的责任之前,而又不触犯法律呢?

我想知道这个问题的答案。

人畜共患病

"人畜共患病"(Zoonoses)这个词并不是指动物园里的动物的鼻子,而是指可以由动物传染给人类的疾病。这个词来自希腊语中的动物(zoo)及传染病(nosos),而你脸上的"鼻子"(nose)这个词来自古代盎格鲁-撒克逊语。巧合而已。

最近新闻报道的两件事情使得"人畜共患病"这个词一直在我脑海中浮现。一件是现在"置顶"的那件事，另一件是你必须浏览一些网页，只在某些网站上才能找到的。

第一件事关于导致新冠疫情流行的冠状病毒。

有些冠状病毒被认为是人畜共患的。比如，现在流行的这种冠状病毒就被认为源于野生动物，可能是蝙蝠或者穿山甲。导致中东呼吸综合征（MERS）的是另外一种冠状病毒，它由骆驼传染给人类。导致非典（SARS）的也是一种冠状病毒，它似乎是由果子狸（一种类似灵猫的生物）传染的，也有说法表明果子狸只是中间宿主，源头来自菊头蝠。

现在，我要告诉你一个令你震惊的消息。你准备好了吗？狗也会感染冠状病毒。实际上，狗非常容易感染。这是常识。最近新冠疫情暴发后，我们诊所已经接到了很多要求给狗接种犬类冠状病毒疫苗的申请。但我们很少使用这种疫苗，因为犬类冠状病毒比较温和，顶多导致腹泻，而且腹泻大部分发生在小狗身上。它与非典病毒、中东呼吸综合征病毒或者新冠病毒没有什么关系，只是和它们同属于一个广义上的病毒家族。人们害怕犬类冠状病毒是因为一些毒株可能致命，就像害怕袜带蛇是因为眼镜蛇和响尾蛇可以致人死亡一样。当然,有些人害怕所有的蛇,但是他们明白这是一种非理性的恐惧,不是由理性决策的(但愿如此)。人们惧怕各种病毒也是如此。如果你惧怕细菌,我能理解,但不要因此惊慌失措。狗狗的排泄物不会让你失去生命。它可能造成你家地毯的末日,但不是你的末日。

第二件事是新闻报道里涉及的另一种人畜共患的疾病,这更为离奇。加拿大艾伯塔省的一名女性患者被诊断得了一种罕见而且严重的肝癌。在一次"万福玛利亚"般的手术中,医生们原本计划切除她的大部分肝脏以及附近的一些组织。但令人惊奇的是,他们发现那并不是肝癌,而是寄生虫感染。这种引起人畜共患疾病的绦虫,叫作"多房棘球绦虫"(echinococcus multilocularis leuckart)。有点恶心,是吧?这种虫子已经存在了上千年,但是在世界上的一些地方,包括加拿大西部和北部,它的数量可能还在增长。没人能确定这名患者在哪里感染了它,但通常情况下是通过犬科动物的粪便感染的。犬科,并不一定是犬类,但有可能是。棘球绦虫常常在最终宿主(通常是郊狼、狼或狐狸)和中间宿主(通常是啮齿动物)之间循环。成虫在最终宿主的肠道里面建立据点,将虫卵放进粪便之中,等待中间宿主接触。之后这些虫卵孵化成幼虫,幼虫开始迁移,并在中间宿主身上的某个地方(可能是肝脏)形成囊肿,等待被最终宿主吃进肚子里,从而完成自然界中一个令人有点不安的生命周期循环。

请注意，最终宿主通常是郊狼、狼或狐狸，但如果狗吃啮齿动物的话，最终宿主就可能是狗。中间宿主通常是啮齿动物，但如果人类与吃啮齿动物的狗依偎在一起，还在不洗手的情况下吃黑麦腌牛肉三明治，那么中间宿主也可能是人类。说清楚一点，它不一定是黑麦腌牛肉三明治，任何三明治都可以，你懂的，我只是想创造一个更令人难忘的情境。所以，你如果怀疑你的狗会吃啮齿动物，就应该向你的兽医提一下这个事（我们并不会总问你这个，尽管我认为我们现在问的次数比以前多了），因为有效的驱虫药物可以解决这个问题。你现在知道了，吃东西之前应该洗手。我知道，我是在新冠疫情时期向唱诗班布道的。当然，疫情过去之后，你会多一个理由养成对病毒感到恐慌的习惯。

这种情况的确罕见，请你不要惊慌。尽管我们没有必要去关注犬类冠状病毒，但对多房棘球绦虫给予适当的关注还是有必要的。人类医学和兽医学之间的关系这一前沿话题令人非常着迷。一份列表上有64种不同的人畜共患的疾病，从非洲锥虫病（来源于牛，通过采采蝇传播）到齐卡热（来源于灵长类动物，通过蚊子传播），大部分是热带病，以昆虫为媒介传播到宿主身上，但是也有一些是直接通过你的宠物传给你的。这些疾病中只有狂犬病是致命的，但因为有疫苗，得狂犬病这种情况在加拿大也非常罕见。其他病，从癣（顺便说一句,病原体并不是"蠕虫",也不总是"环状的"——"真菌"可能是一个更好的名字)到疥疮再到贾第虫病,都不是特别常见或者会引起特别严重的问题的疾病,除非你的免疫系统很弱。

最后,如果动物园的骆驼得了中东呼吸综合征,并通过打喷嚏传给了你,这是不是一种来自动物园的人畜共患疾病呢(不好意思,我就是太爱玩梗了)?

外星异物

米茜是一只典型的"北方特种犬"——一只来自偏远的北方社区的混血哈士奇牧羊犬。这些社区基本得不到兽医服务,许多地方只能坐飞机到达,这意味着只有少数狗被去势或者绝育。结果是,无穷无尽的小狗出生了,但能提供住处的潜在房屋却十分有限。在有些地方,成群的、半野化的狗狗已经严重危害公共安全。在完全实现对这些狗狗的持续阉割或绝育之前,一个折中的解决办法就是由各种组织救助这些小狗狗,并为它们在南方找到一个家。米茜就是其中一只小狗。它带有德国牧羊犬的毛色(黑背),但也有经典的卷尾,这暴露了它混有北方哈士奇的基因。它是只非常可爱的狗狗,有含情脉脉的棕色眼睛,对陌生人十分热情,这点在被救援的狗狗中并不常见,因为它们出于各种理由害怕人类。

我在给米茜打强化疫苗的时候见过它,到了它6个月的时候,就该给它做绝育手术了。尽管米茜有许多积极的特点,但我怀疑,如果不是在做绝育手术的时候发生了意外,我可能不会到现在都记得它。在我的职业生涯中,我见过数以万计的狗狗,做过成百上千次手术,所以,我想你们都明白,我有关单个患者和它们的手术记忆大多是模糊的。但米茜是个例外。

像绝育和阉割这样的常规手术让我想起一句谚语——战争就是数个无聊的小时夹杂着几个恐怖的时刻。我知道,人们对手术的通常认知是,它是一件令人兴奋的事情。我也认为它在某种程度上是令人兴奋的,但作为为小动物看病的兽医,我们所做的90%的工作就是切除卵巢、睾丸和肿块。这些例行程序中很少有令人兴奋的时刻。我认为,"数个无聊的小时"有点言过其实,因为在这个过程中我们需要保持警惕并集中注意力,真正觉得无聊的话是很危险的。然而,"恐怖的时刻"却恰如其分。没有什么比突然出现的、危及生命的并发症更可怕的了。幸运的是,米茜手术中突然出现的情况并不会危及它的生命,但是在我的大脑恢复正常之前,我觉得,我感受到的即便不是恐惧,至少也是震惊。它安全地处于全麻状态,我在它的肚子上切了个小口，开始寻找子宫，这时我看见了一些东西。

有什么东西在它腹部的各种器官之间慢慢移动。

心理承受能力不好的读者，我建议你们跳过这个故事的其余部分，我保证下一个故事里没有让你们做噩梦或者引发不良恐惧反应的内容。我建议这些读者想象，我看到的在米茜腹部器官之间移动的物体只是光的作用的结果，好像那里有道彩虹。并且，请想象就在那个时刻，收音机里正在播放以色列·卡马卡威沃尔的充满力量的尤克里里曲目——《彩虹之上》。那是个非常特别的时刻。在这种情况下，请将标题的"外星异物"替换为"彩虹"。

"这是什么？"我对监控麻醉情况的技术人员喊道。

"怎么了？"她兴奋地问道，没有将视线从她的监测仪器上挪开。

"我……我不知道。但是我想，我看到了一些东西在肠系膜之间移动。"

"一些东西？什么样的东西？"她站起来看了看切口。

又回到那里了。大概有小肠那么粗，但是呈砖红色，肯定是自己在移动，并非仅仅被动地随着米茜的呼吸或者脉搏而动。

"那个！你看到了吗？那就是在移动的东西！真是见……"

"噢，我的天哪！我也看到了！那是什么？"

"我不……"我还没来得及恰当表达自己的困惑和无知，就被一些事情打断了。那个正在移动的东西突然探出头来，就像潜望镜一样。一个红色的"潜望镜"从棕褐色和淡粉色的肠子及肠系膜里探出头来，就像恐怖科幻电影中的恶心的外星怪物。

技术人员惊声尖叫。

我下巴要掉了。

人们纷纷跑进来。

那个东西把脑袋缩回去并且消失了。

我使用"脑袋"这个词是经过深思熟虑的。这是一个管状物的前端，这个管状物无论从哪一点来看都是活的，所以是"脑袋"。

然后我的大脑重启了。这个东西是活的，在我的病患的体内，那么按照定义，它就是一只内脏寄生虫（或者是一个精心策划的恶作剧）。但是，有什么内脏寄生虫会大得如此吓人呢？肾膨结线虫就大得吓人。当然，这完全说得通。我差点拍了下自己的前额来突出这个"啊哈"时刻的戏剧性，但那可能会带来细菌以致影响手术，所以我忍住了。

"那是只肾虫！太酷了！"

肾虫？是的，肾虫。但是这只虫并不在肾上。

这些虫子的生命循环始于淡水鱼。在偏远的北方社区的狗有时会吃带有肾虫幼虫的生鱼。然后，这些幼虫会从狗的肠子迁移到肝脏,在那里成长为成虫。成虫会离开肝脏,转移到肾脏,通常是右肾,那是它们遇到的第一个肾。它们在那里长大并繁殖,把卵产到尿液之中。这些卵会想办法进入水中,最终又进入其他鱼的身体,从而完成这个循环。成虫通常会导致右肾损伤,但病患感觉不到,一般除了尿液中有血之外,也不会有其他什么症状。米茜肚子里的虫子犯了个错误,没有找到肾脏,最终只能在腹腔中漫无目的地游走。如果它右肾里面有虫子,我们就会摘除这个肾,因为只靠一个肾它也能活得很开心。对于米茜这种情况,我们能做的就只是把虫子拖出来,确保没有其他虫子后继续进行绝育。

你可能注意到,我写的是把虫子"拖"出来。这个字也是经过推敲的。这种寄生虫是医学上已知的相当大的寄生虫之一。米茜肚子里的虫子几乎有1米长,所以当我拉它的时候,它不停地反抗。现场还有很多尖叫声。是的, 1米,就是100厘米。它和我的中指差不多粗。我现在还保留着它——在罐子里面泡着,这样,当我想表现自己或者当我们谈论钓鱼的时候,我可以拿它来显摆一下,给人们看一看并讲一讲这个故事。顺便说一句,烹饪能够杀死幼虫,而且这种寄生虫只生活在淡水中,所以我们没必要对寿司感到恐慌。有趣的是,考古学家在公元前3000年的人类粪便化石中发现了肾膨结线虫的虫卵。我们的祖先显然是经历了苦难才学会把湖里的鱼煮熟的。

肯定是这只狗，我发誓

游侠是一只年迈的黑色拉布拉多犬，正乖乖地右侧卧在超声波台上，我在给它做腹部扫描。除了超声波屏幕散发出的淡淡的光，屋子里一片漆黑。游侠的主人站在它的头旁边，轻轻抚摩着它，一名技师在主人旁边，轻轻抓着游侠的双腿。这只狗太乖了，其实也没必要这样做。然后它做了一件事，一股强烈的气味在房间内蔓延，这股气味真的臭得让人难以置信，超级刺激，根本不可能被忽视。就好像有人特意——莫名其妙地——把死去的、腐臭的东西塞进了我的天灵盖。

"肯定是这只狗，我发誓！"狗主人笑道。用文雅的话来说，游侠"释放了气体"。它以前也这样干过。我们一声接一声地大声咳嗽，在半明半暗中，我可以看到技师挥舞着手臂，试图驱散气团。她离源头最近。

养狗的人之中，有谁没遇到过这种场景呢？谁不会扭过头、皱着鼻子，然后赶紧指向狗呢？这其实并没有冤枉它们，一般都是狗放的，因为它们都是放屁虫。对于游侠的这种情况，我们有额外的证据:通过超声波,我可以看到它的大肠里有大量的气体。

"好消息!还有更多的气要放出来了!"我指着屏幕,笑嘻嘻地说道。兽医和诊所工作人员对难闻的气体或多或少已经免疫了,而且游侠的主人显然也已经习惯了,所以我笑嘻嘻地说出来是安全的。不过,你还是要甄别你的听众。

但是,为什么狗狗都是放屁虫?主要有两个方面的原因:发酵和大口吞咽。让我们先弄清楚发酵。

发酵是指微生物在缺氧环境下将大分子分解为小分子的过程,这个过程中通常会有气体释放。面包膨胀或者啤酒起泡,就是由于谷物经酵母发酵产生了气体。在游侠的大肠中,食物分子在细菌的作用下进行发酵,而这些食物分子在小肠的上层没有被完全消化。我们不可能确切地弄清楚哪些食物分子正在发酵,但是豆类(包括豌豆)、乳制品、复合碳水化合物和高纤维营养物居于发酵食物清单的前列。不过,这个清单特别长。因此,如果产生气体是个问题,第一步最好就尽可能换一种成分不同的食物。当我说"问题"的时候,并不仅仅是从人的嗅觉的舒适度而言的,而是将犬类腹部舒适度也考虑在内。我经常遇到转诊的病患因为腹部有不明原因的疼痛,需要做超声检查。通常情况下,接手转诊病患的医生要试着排除肿瘤,但最后我通常会发现病患腹部有多余的气体。请允许我问一个私人问题,你有过严重的肠痉挛吗?放屁常常会带来尴尬或者让你觉得好笑,或者两者兼而有之,如果肚子抽筋,你就不会在意这种尴尬,也就不觉得好笑了。

气体的第二个主要来源是大口吞咽,而这又有两个不同原因。第一个原因是这些狗狗吃得太快,在这个过程中吞下了大量空气。更正一下,大部分狗狗只是吃得太快了。对于人类而言,我们垂直的解剖结构让我们更有可能通过打嗝将气体排出,但在狗体内,这些气体往往会继续进入消化系统,并在通往肛门的途中携带大便分子。如果你很在意这个问题,可以试一试"慢慢喂"碗,这种碗中间通常有个"驼峰",迫使狗狗围绕着甜甜圈式的食物堆吃。我也听说有人将食物碎屑撒在饼干纸上,以达到类似的减速效果。大口吞咽的第二个原因是解剖学上的。拳师犬、哈巴狗、波士顿梗犬以及斗牛犬等面部柔软的狗狗,鼻腔通常非常狭窄,因此它们不得不用嘴呼吸,这导致它们吞咽了大量空气。

虽然发酵和大口吞咽是大部分狗狗肠胃胀气的原因,但胀气也可能与消化系统的疾病有关,所以请务必向你的兽医提及这一点,特别是当胀气次数陡增的时候。

那猫又怎样呢?除非给猫喂了太多牛奶,否则放屁在这个物种中是很难见到的。它们的饮食中含有可发酵成分的东西通常要少得多，虽然它们吃得很快，但一般不会像疯狂进食的狗狗那样狼吞虎咽，仿佛"没有人在看着"那样野性十足。

在我们结束这个吸引人的话题之前，我将给你提供一些零碎的信息，下次你去参加晚宴的时候可以跟其他人聊聊：

★ 针对放屁的科学研究被称为"肠胃胀气学"（flatology），所以，现在你可以将肠胃胀气学家添加到8岁小男孩的职业理想清单之中。

★ 客观来讲，狗屁的气味更难闻，因为狗吃的是高蛋白食物。狗消化蛋白质时会产生含硫的氨基酸，这些氨基酸与发酵气体混合，会产生一种特别难闻的气味。

★ 2001年，英国沃尔瑟姆宠物营养中心（Waltham Centre for Pet Nutrition）进行了一项研究，研究人员给受试的狗狗穿上特殊的放屁装，让营养师收集气体并分析其中硫的含量。我是百分之百认真的。你如果不信我，可以用谷歌搜索一下"狗狗放屁装"，还能看到一些图片。

★ 人类平均每天制造476~1491毫升的屁，可以分成8~20次来释放。由于狗狗放屁装不能测量体积，所以很遗憾，我们并没有这方面的数据，但正如我概述的那样，它们是放屁虫。虽然它们的身体较小，但它们的屁仍然是很多的。

★ 大部分狗狗放屁时都很安静，虽然有时会意外地搞笑。这点与人类不同，原因是解剖学上的。出于对一些更为敏感的读者的尊重，我不会详细描述这个原因。是的，信不信由你，我也有自己的底线。

★ 游侠的超声波检查结果没有什么异常。它没有肿瘤，也没有其他需要注意的问题，考虑到它是一只年迈的拉布拉多犬，它放的屁并不算多。它只是放慢了自己的速度，这点对一只年迈的拉布拉多犬来说也不算异常。

生的东西

你妈妈是对的，起码在一件事情上是对的——让你洗手。你要经常洗手，至少在吃饭之前。你可能对此有个大概的认识，知道这是正确的，因为有些"细菌"可能会通过你的手进入你的胃，引发某些问题。而我要给你一个具体的——考虑到你之前已经被提醒过了——而且有点令人害怕的洗手理由，如果你养宠物的话。

这个提醒是有意义的，你必须接受一个令人不安的事实——你的宠物会舔自己的屁股。即使你从来没有看到过这种行为，我也可以保证它是存在的。非常确定。有些动物会在你不注意的情况下偷偷地舔自己的屁股。舔屁股这种行为不仅会让粪便中的细菌附着到它们的舌头上，还会进入它们的口鼻。从嘴上转移到全身皮毛上，花不了多长时间。然后，你会抚摩它，嗯，你能想象到这个画面。所以，洗手吧。我想，这应该是常识了。但与大家通常知道的情况不一样的是，当你喂自己的宠物吃生食时，问题就变得有趣了，特别是喂你家狗狗的时候（我们对猫吃生食的了解比较少）。

同时，还有一件你妈妈或你爸爸特别关心的事情，他们可能已经教了你相关的卫生知识——在处理生肉，特别是生鸡肉和碎牛肉之前或者之后，一定要把手彻底洗干净。因此，如果你最近喜欢给狗狗喂生食，我相信你在处理完生鸡肉或者碎牛肉之后都洗过手了，对吧？我想，你肯定知道很多事情，但我还是想打个赌，赌你可能不知道这个事实：生肉中的沙门氏菌和大肠杆菌可以直接穿过狗狗的消化系统，然后通过它们的大便排出来。现在你知道了，请回过头来重新读一遍。是的，它们的皮毛上可能也有沙门氏菌和大肠杆菌。你可能会反对说，你的狗狗没有因为吃这种食物而生病，所以那些生食是安全的。

狗对沙门氏菌和大肠杆菌有相当好的抵抗力，通常不会出现什么症状;而你对沙门氏菌和大肠杆菌的抵抗力并没有那么强。因此,你如果给狗喂生食,那么吃饭之前洗手是非常重要的。实际上,考虑到我们摸脸的次数(根据一项研究,每天可能超过3000次),每次你跟狗狗拥抱过后都应该洗手。不然就是你可能已经病了,自己却并不知道,例如,被很多人称为"肠胃感冒"的疾病,实际上就是由排泄物中的细菌导致的食源性感染。仅仅是那些从你家狗身体中穿过的生食中的沙门氏菌和大肠杆菌,就可能让你病得很严重。

还有一些可怕的消息。由于宠物食品在生产时,被添加了饲养动物所需的一定剂量的各种抗生素,所以宠物身上的细菌通常具有更强的抗生素耐药性。一项有趣的研究表明,患有尿路感染的狗,如果碰巧吃了生食,会更容易产生对抗生素的耐药性。

是的,这些都是喂生食的坏处,但是这样做有没有好处呢? 许多人都反映他们的狗喜欢生食。对挑食的狗来说,喂生食或许有适口的好处。还有一些人反映,喂生食使狗的皮毛和皮肤状况得到了改善,甚至过敏症状也有所缓解。关于后者,我可以很明确地说,食物的生熟对过敏症状没有影响。比如,如果你的狗对鸡肉过敏,那么免疫系统不会管鸡肉到底是熟的还是生的、笼养的还是散养的——从免疫的角度看,鸡肉还是鸡肉。如果过敏症状有所缓解,这是因为把以前的食物改成生食后,食物中的营养成分发生了变化。其他症状的缓解也是这个道理——你改变了食物的营养成分，提升了食物的整体质量，但是这和食物是熟的还是生的没有任何关系。你从熟食中也能得到同样的好处，这通常需要反复尝试。

"但是，狼从不把自己的食物弄熟。"你反驳道。是的，它们不弄熟，任何动物都不会这样做，人类在150万年以前也不会这样做。人类是一种非常成功的物种——不得不说的是，这对地球是有害的——而且这种成功起码有一部分是因为人学会了使用火以及烹饪食物。烹饪可以杀死细菌，并在一定程度上对食物进行预消化，以便让营养成分得到更好地吸收。你有没有看过人吃生食？你必须吃更多的生食才能获得和吃熟食同样多的营养。我们宠物的健康状况变好了，寿命增加了，这也是我们自己生活的一面镜子。原因有很多，其中之一便是我们能够获取更好的营养了。

即使生食的确会给你的狗带来所有的熟食都无法带来的好处，但你的狗还是会和你一起生活，还是会排泄，还是会舔自己的屁股，而且你有时候还是会忘记洗手。

好好想想这点。

终极恐惧

在大多数小型诊所里，这种情况每天至少发生一次：在一间挤满人和动物的候诊室里，人们会听到从诊所后面某个地方传来狗的高分贝尖叫，这似乎表明它的一条腿在没有麻醉的情况下被锯掉了。候诊室的宠物全部露出"我的天哪"的表情，正如里面的人一样。诊所的工作人员很快会解释事实并非听起来那样严重。

"巴迪只是在修剪指甲，而它肯定不喜欢！"

随后会有人在紧张中笑出来。

我承认我从来没有去过美甲沙龙，但我想不起来自己路过这类店铺时听到过顾客们的尖叫。也许它们后面有一个专门的隔音室，但更可能的是，做指甲根本不疼，即使是别人给我们做。那么，狗又是怎么回事呢？

第一个问题是，狗指甲的解剖结构与我们的虽然相似，但并不完全相同。对于人类而言，所谓的指甲板——粉色部分与所谓的游离缘——白色部分之间有清晰的界限。指甲板下面是甲床，人人都知道触摸这个地方会疼得让人哭爹喊娘。对狗而言，甲床长在相当于游离缘部分的内部,逐渐变细为一个点,有点像圆锥套圆锥。在狗狗的爪子里,甲床被称为"活肉",如果碰到的话,狗狗会疼得要命。因为活肉有一部分是长在你想要剪掉的指甲里的,所以你必须仔细观察才能避免碰到它。如果这只狗的指甲是黑色的,那你必须对指甲的解剖结构了如指掌,才能作出足够妥当的判断。因此,许多狗狗在修剪指甲时都会有不愉快的体验。一次这样糟糕的经历往往足够让它们怀疑"狗生"。

你们之中的聪明人——我指的就是你们所有人,没有指其他人——会注意到,即使是天真无邪的小狗和从来没有把指甲剪得过短的狗狗也都很讨厌剪指甲,所以肯定还有其他什么事情发生过。此外,还有两件事。一件事是,许多狗讨厌被束缚。做一个小实验吧。去抚摩你的狗,什么事情发生了?这只狗满怀期待地摇了摇尾巴,看起来很高兴。现在拥抱你的狗,此时它看起来是怎样的?它可能既紧张又焦虑。通常来说(我知道有人马上要给我举出一个例外的情况),狗狗不喜欢被紧紧抱着,不管这个动作是出于什么原因。另一件事是,许多狗狗单纯不喜欢自己的腿被人拨弄,就是这样,不管拨弄是出于什么样的目的。如果你的脚不明不白地被人抓住和拨弄,你会做何感想?

现在问题有望弄清楚了,那么有什么解决办法呢?如果面对的是已经害怕修剪指甲的狗狗，这很难。剪的时候慢一点、轻一点始终是一个好主意。一次只剪几枚指甲，一旦它看起来很焦虑，就马上停下。让这次剪指甲的体验变得糟糕，对下一次剪指甲不会有任何帮助！给它很多零食和奖励，甚至专门留一些极为好吃的零食在为它剪指甲的时候给它吃。你也可以考虑慢慢用指甲锉把指甲锉短，或者是用琢美电磨。如果它在你剪第一枚指甲或者拿出琢美电磨前就看起来很紧张，那么你可能需要先咨询一下你的兽医。有些狗狗面对诊所工作人员比面对自己的主人时要好一点。当然，如果它需要，我们有办法备好快乐药剂。用一点温和的抗焦虑药剂，以免剪指甲变成一场高压竞技表演，这本身没有什么错。

另外，和小狗狗在一起的时候，你有一个可以避免问题发生的黄金机会。记住他们说的"一盎司的预防"①。从一开始，你就应该每天弄一弄小狗的爪子和指甲，让这成为一种有趣、积极的体验；再一次弄时，要有零食和奖励。当你做这件事情的时候，要把指甲刀放在它面前。一两周后，在重复这个过程时，将指甲刀放在你手中，但是不要剪任何指甲，仅仅是让它们看到指甲刀，闻一闻它，让它们感觉到指甲刀在碰自己的脚。然后，当你和狗狗看起来准备好了的时候，

① "一盎司的预防"（an ounce of prevention），类似于中文中的"防微杜渐"。
——编者注

修剪一枚指甲。就这样,就一枚! 紧随其后的是慷慨的表扬和奖励。我想你明白了我的意思。慢慢地、温柔地、轻松地、循序渐进地,可能的话,有趣地! 关于往哪里剪以及怎么剪的具体描述,可以用谷歌搜索一下"狗指甲的解剖结构",前几条热门信息就能给你想要的答案。

祝你好运。讨厌修剪指甲的狗狗可能在大声尖叫,但不得不给它们剪指甲的工作人员在心里尖叫。让这件事情变容易可以迎来一个典型的双赢结局。

秃顶贵宾犬的神秘案例

米娜是只白色的小型贵宾犬。它美丽又举止得体,总体上相当健康。它的主人,威尔逊太太,是一位聪明又有魅力的女性。她善于提问,也善于倾听。理想的宠物加上理想的主人,让我能开心一整天,也让我想把事情做好,能够帮助别人。当然,我总是想把事情做好,帮助别人,但是我想说的是,我特别想帮助像米娜这样的宠物和威尔逊太太这样的宠物主人,为她们把事情做好。

这原本是一件很简单的事情,正如我在上文提到的,米娜总体上很健康。在接待一位大体健康的病患时,你可以轻松地展现自己渊博的知识和高超的技巧。这就好像驾车在一条坦荡顺畅的高速公路上高速疾驰，你只要不打盹儿，就不会出错。然而有一天，我们离开了这条高速公路，以很快的速度开上了一条泥泞的道路，往峡谷坠落。

"它在掉毛。"威尔逊太太解释道，指了指米娜背部两侧光秃的地方。

"我看到了，嗯……它痒吗？"我问道。

"不痒，我从来没有看到过它挠自己，而且我能确定它没有偷偷地挠自己。"

看见没？她是个聪明的客户。她知道，没有看见宠物挠自己，并不意味着它们在我们没有注意的时候没有这样做。有些动物知道你不会同意，所以会等到你走出门之后再做。

"我想，你是对的。它的皮肤上没有任何伤痕。实际上，它看起来甚至不像有发炎症状。"我用放大镜配合着强光仔细检查，而米娜站在那里，一动不动，礼貌地等待着食物奖赏——它知道检查后会有食物奖赏。

"那么，这可能是什么问题呢？"

"除此之外，它的健康状况怎么样？它进食、喝水、排便和排尿都正常吗？"

"是的，完全正常。就是掉毛，而且我想秃的地方正在扩大。"

"是这样，不伴有瘙痒症状的对称性脱毛差不多都是激素导致的。我说的激素，不是指与性有关的激素，因为它已经绝育了，而是来自甲状腺和肾上腺等腺体的，那一类问题通常都伴有其他症状。但是正如我们常说的：狗又不读书！总会有一些例外。我们还是得做一些检查。"

"当然要做，它需要做的都要做。"

我们首先采了血样做甲状腺检查，反馈回来的结果显示甲状腺是正常的。然后，我们带着米娜做了几小时的肾功能测试，目的是筛查库欣综合征。威尔逊太太和我都说服自己认同这只是一张普通的入场券，它并不意味着米娜得跌落到地狱里，因为这种疾病在贵宾犬中很常见。然而，和前一次一样，结果显示正常。我盯着这个结果看了好一会儿，才拿起电话打给威尔逊太太。我要说些什么呢？还有什么问题是可能存在的呢？

"嗨！是这样，我们已经拿到了米娜关于库欣综合征的检查结果，出乎我的意料，结果是阴性的。"我用脚趾头想了想，继续说道，"但是这些检测从来都不是百分之百准确的，所以这有可能是个假阴性。不过，在我进行另一项测试以便确定问题之前，我认为米娜最好去看皮肤科。马尼托巴省没有，但是几年前安大略省有一名医生开了一家带皮肤科的诊所。我建议给米娜挂个号去见见他。"

"好的,有道理。不过,我还有一个问题。"

"请讲。"

"我用着一款雌激素霜,每天都会用它涂抹我的小手臂。米娜常常在我的怀抱里打滚。这会不会有什么问题?"

如果这是动画片,这时就有一个大的、亮的、黄色的灯泡出现在我的头顶。叮!就是它!

"呃,是的……我要查一查,但我认为会。它这么小,所以不需要大剂量就能产生影响。雌激素当然是一种激素!"

我查了一下,果然,文献中有许多这方面的报告。甚至有例报告说,2个月大的小狗因为接触了雌激素霜而进入发情期,而这本来是女性在绝经后使用的。正常进入发情期的狗至少6个月大,而2个月大的狗发情这就好像是说4岁的女孩来月经了。我以前从未听说过这种事情,即使已经从业30来年,那个古老的格言仍然适用:每天都要学点新东西。通常,"新东西"是一些意义不明的琐事,但这里面有一些有用的东西,而且实际上相当酷。我一开始没有问对问题,对此感到很内疚(话虽如此,但如何正确地询问一个女人用没用过雌激素),但是把这个问题解决了,我又感觉很棒。威尔逊太太改将雌激素霜涂在脖子后,很快,米娜又变得美丽了,依然保持着良好的举止和健康的身体,这才是更重要的。

苏西扔骰子

　　每个兽医的心理橱柜里,都有一个标注着"恐怖"的抽屉。我们很少打开这个抽屉。我们为什么要打开它呢? 还有很多更吸引人的抽屉可以打开,上面标注着"毛茸茸的小猫""感谢卡""已治好的宠物"。我们知道,"恐怖"抽屉里并没有那种令人毛骨悚然的乐趣,相反,它塞满了我们最终都会遇到的各种极为糟糕的情况。这里有许多类似的情况。它是一个很大的抽屉,最上层通常是一个死于手术的病患。你甚至都不可能做到不经意地瞄它一眼。通常,你只会马上将这个抽屉关上,但如果觉得自己很勇敢,就可以一点一点地打开它,你会看到令人沮丧的潜在误诊清单、一系列糟糕的治疗方法、行业评审委员会的信件、诊所检查员的信件、网上铺天盖地的负面评论、候诊室里一只狗咬另一只狗、客户在前门的冰上滑倒、工作人员在停车场倒车时把客户的车蹭了、药物引起了致命反应等一系列令人大叫的记载。现在你肯定"砰"的一声把抽屉关上了。当你这么做的时候,你借余光瞥见一个患者正逃离诊所。你开始颤抖。现在就是真正的恐怖时刻。

苏西·芬威克是一只曾住院治疗的中年母哈巴狗。虽然许多哈巴狗性格温顺，但是这只哈巴狗呈现出自己独特的不羁个性，即使狗到中年，身体上有过各种伤病，精神上还像一只青年狗那样有活力。它的主人和它同样有个性，很多员工都害怕它的主人芬威克太太。她的外表和穿着都让她看起来像一个老嬉皮士，但是她一点也没有那种标志性的快乐嬉皮士的平静。芬威克太太以说话尖酸刻薄而出名，她习惯拿出小老花镜看着发票大声念出每一行字，还习惯于眼都不眨地盯着你看，仿佛要看穿你的头骨一样。我记不起来她什么时候笑过，但是她真心为她的狗狗的利益着想这点让我心生敬意。如果我足够细致地解释一些事情，她总会遵从我的建议。

苏西的病情在稳步好转，但我还是希望它在医院度过周末。我建议将它转诊到24小时急诊，因为我们没有员工能在整个周末连续工作。但芬威克太太与急救医生很明显发生了几次激烈的争执，她拒绝回到那里去。利安娜是我们兽医预科学校的学生，她被安排在周日去苏西家几次，给它吃药，并带它出去尿尿。我还打算顺道给它做次评估。我的妻子洛兰也是一名兽医，我们一起去镇上办事的时候碰巧路过芬威克太太家。当我们把车开进停车场时，利安娜向我们跑来，满脸通红，呼吸急促。

"哦，天哪！你们来了，我太高兴了！"她弯下腰，把手放在膝盖上，试图喘口气，说："苏西！它跑了！"

"跑了？怎么跑的？"我一下车就赶紧问她。

"我正带着它去尿尿，它从脖套里扭出来了！它没有脖子！我的天！对不起！而且她的主人可是芬威克太太啊！如果我们抓不回狗，她肯定会抓狂大叫的！"

"没事的，我们会抓住它的。你最后一次见到它是在什么地方？"

"沿着这条小路下去，朝安斯利的方向。它太快了！根本停不下，我一靠近，它就会闪到一边。"

我们散开，试图包围利安娜认为的苏西所在的区域。果不其然，这只小哈巴狗就躲在安斯利街一栋房子的灌木丛下，气喘吁吁地、警惕地盯着我们。

"嗨！苏西。"我轻轻地说道，蹲下来，伸长了手臂，好像我拿着好吃的，但并没有，我是直接从车里出来的。它微微抬起头，我想它可能认出了我。我希望这是一件好事。很多病患都怕我，但苏西一直喜欢我，最起码喜欢我给它的食物。"好的，伙计们，往后退一点。"我朝着另外两个人挥舞着自己空闲的那只手。我慢慢地靠近苏西，同时假装有吃的要给它。它看起来放松了。这不过是小菜一碟。

你知道事情会变成什么样。

我离苏西只有一步之遥，只要一秒就能把它抱起来。这时，正如利安娜所描述的那样，它仿佛乘着火箭一样飞奔而去。前一刻它还一动不动、镇定自若，下一秒就成了一团四肢乱蹬、耳朵扑棱的模糊影子。

这团影子正奔向波蒂奇大道。

为方便那些不熟悉温尼伯的人理解，我简要说一下：波蒂奇大道是一条东西走向的主干道，是横贯加拿大高速公路系统的一部分，由8条道路组成，车辆以60~80千米的时速在上面行驶。波蒂奇大道离我们只有一个街区。

"利安娜，你去追它，洛兰和我从右边绕过去，在它到波蒂奇大道之前截住它！"

我们跑开了。1只狗、1个学生和2名兽医，每个生命体都以最快的速度奔跑。苏西在我们截住它之前，就已经到达波蒂奇大道了。它在那里停了一下，我想象着，它可能在心里掷骰子。它应该冒这个险吗？如果它真这样做了并且成功了，我们就没有办法追上它，它就自由了！如果它没成功……它就像它的中文名字所指代的那位女性一样，大胆且自信，所以我怀疑它琢磨了一下。和那位女性一样，它也错了。

在接下来可怕的几秒里，我们挥舞着手臂，大声叫喊，试图拦阻路上的车，而这只小狗则像拥有超能力一样四处飞奔。周围都是高速行驶、按着喇叭的汽车，而苏西就像一个技术高超的篮球运动员一样在场上穿梭。忽然，它的运气用完了，它被车撞了。刹车发出刺耳的声音，利安娜尖叫，我尖叫，洛兰尖叫，其他一群人也尖叫，然后利安娜跑过去把苏西抱了起来。我们没有停下来向人们解释什么，抱着它冲向诊所。它牙龈苍白，心跳异常。它受到了惊吓。

洛兰可能并不总是相信这一点，但在很多方面，她的确是一位很棒的兽医。谢天谢地，命运在那一刻将洛兰安排在这里，她立马就能把静脉导管插进我看不见的静脉里。她一招即中，这救了苏西的命。利安娜如释重负。如释重负的感觉让她头晕目眩，她不得不坐下来。这只可怜的狗伤痕累累，其中一条腿还需要治疗，但是它能活下去。目前还不清楚的是，我是否能在不得不打电话向芬威克太太解释所发生的事情后活下去。

苏西的冒险逃脱直接后果是，我们更换了平时遛狗用的项圈，从此再也没有发生过一次逃脱事件。利安娜最后进入了兽医学校并顺利毕业了，现在是我诊所的合伙人。至于芬威克太太，她在电话里表现得通情达理，实在令我震惊，她一个劲儿地为苏西化险为夷表示感激。然而，在苏西后续漫长的狗生中，不管什么时候它病了，芬威克太太都会坚称这与那场事故有着某种联系，要求我们免费治疗。我们也很愉快地这样做了。

第二部分

THE PART TWO

猫咪们

瞧，超级猎手

克里斯季皱着鼻子描述她所看到的一切："好像有一些恶心的、白色的小东西在它的猫砂箱子里。"这是一位衣着整洁的年轻女士，她把橘橘抱在腿上，橘橘是橘子的爱称。橘橘是一只体型硕大的橘色雄性猫咪。"我开始以为是米，但是它们扭起来了！呃！太恶心了！"

"的确，那还真让人吓一跳。"我点着头答道。我对着橘橘笑了笑。它看起来超级放松，克里斯季抚摩它的时候，它发出了像舷外马达一样的声音。"橘橘出去过吗？"我问道。

"没有，我们从不让它出去。我们上一只猫被车撞死了。橘橘可是我们的宝贝儿。"

这很令人意外，我以为它是一只总在户外待着的猫。这时我突然有了个想法："有没有可能是你家里有老鼠？"

"是的，我们家有！我男朋友想弄点毒药，但我不同意。橘橘是个很厉害的猎手，我想它能抓到大部分老鼠。但我不喜欢看到那种捕捉场景，因为它有时候会先玩弄它们。我残忍、美丽的小男孩儿。"她热情地说道，挠着它的耳朵。

"这样的话，那些蠕动的白色的东西就是绦虫的节段。它们很恶心，但对健康的危害不大，而且也不会钻到人的身体里去。只有通过吃老鼠或者其他啮齿动物才会被它们感染，而且治好它们也很容易。"

"好吧，这让人松了一口气，我还以为是蛆在吃它的内脏或者什么东西！"

事实上，小动物的诊治中只有两种常见的虫子。一种是绦虫，这些虫子的节段看起来像大米；另一种是蛔虫，如果你能忍受我用一种食物来打比方的话，我会说它看起来像意大利面。后者通常只出现在小狗和小猫身上，而前者只出现在捕食者身上，一般来说是猫，尽管就像人们知道的那样，狗有时也喜欢把啮齿动物当零食。

猫的狩猎本能极为出色。大多数家猫只能通过一些倒霉的昆虫释放这种天性，但能保持这种天性是一件神奇的事情。我已经记不清多少次有人告诉我，他们家的小猫从一出生就在家里，却能成功地暗中接近、突然扑身、杀掉并吃掉一只蛾子（这对家里的人来说有点恶心）。小猫骄傲地咀嚼时，蛾子的翅膀还在无力地扑扇。这完全是刻在骨子里的事情，套用一句古老的谚语，"你可以把猫从野外带走，但你无法把野性从猫身上带走"。

有个顾客给我讲过一个故事，我很喜欢，是关于他们的暹罗猫的。我不记得那只猫的名字了，但清楚地记得它当时20岁或者21岁，已处于年龄轴的另一端，牙都掉光了，爪子也不锋利了，而且眼睛差不多也瞎了（是的，糟糕的老年时光），然而它还是保持着极为规律的抓鸟习惯。这要么证明了猫的捕猎本能的强大，要么证明了鸟的愚蠢，或者两者兼而有之。

这将我带到了一个非常严肃的问题上。虽然猫捕猎啮齿动物毫无疑问是有益的（啮齿动物并不会觉得有益），但是鸟被猫捕杀这件事却是一个被人低估了的大灾难。近年来，科学家们推断，在加拿大每年有1亿至3.5亿只鸟被猫捕杀，这个数字绝对令人震惊。如果你在美国读到这样的文章，那受害鸟的数量估计有14亿至37亿只。目前，猫的捕杀是鸟类死亡的头号原因，特别是对体形较小的鸣禽来说。其中一半多一点的捕杀是由野猫造成的，但是人们可爱的、温柔的家猫，如橘橘，也是一大杀手。我可以找到很多理由让你把猫关在家里，但这不在本文的讨论范围之内，除非当它在户外的时候你能每时每刻都看着它，不然你就应该预想到你的猫会捕杀鸟类，而且可能是濒危的鸣禽。当它跑出去，哪怕只是在你的院子里待一会儿，都有可能发生这种事。这种快乐的代价太高了。

我将用一件既有趣又令人恶心的逸事作为结尾，这件逸事和许多兽医逸事一样。我们家的第一只猫是一个黑白相间的男孩，名叫穆克。

我们住在萨斯卡通郊外的一片土地上，穆克会在那里抓各种啮齿动物，是的，还有鸟类。对于后者，它偏爱色彩斑斓的，如蓝鸲和金翅雀。之前我已经表达了自己对捕鸟的看法。它喜欢的另一种猎物是囊鼠。虽然它的捕猎行动大多是为了娱乐，但它似乎很喜欢囊鼠的味道。实际上，它看起来很喜欢囊鼠各个部分的味道，包括皮毛、骨头、脏器等，除了一个例外。我们总是知道穆克在什么时候处决并享用了一只它的最爱，因为我们会在屋子的前台阶上发现一个泪珠形状的深绿色小物体。那是胆囊。穆克会通过某种外科手术般的方式精准地切除这个东西，并把它放在一旁。有人推测，这是因为它太苦了。

我猜你会觉得这个故事总体上很恶心，只有一点点好笑的成分，但你得承认它令你印象深刻。橘橘以自己的方式给人留下了深刻印象。当我们试图喂穆克吃驱虫药丸时，穆克经常表现得像一只在疯狂打架的疣猪，但是橘橘吃它时，驱虫药丸就像是老鼠味儿的糖。这是一种更为实际的打动我的方式。

鞋匠的孩子们

几个月前，我的妻子，前文我已经提到她也是一名兽医，和我开始注意到我们11岁大的黑白色小猫在偷食物这件事上变得更加急不可耐。我说"更加"是因为我们家的三只猫和一只狗是不守规矩、几乎没有受过训练的宠物，它们可以爬上桌子并在工作台上"冲浪"而不受惩罚。好吧，不受惩罚是一种夸张的说法，因为我们确实会对它们大喊大叫，但是这对它们来说，显然只是一群猴子制造的噪声罢了。

一天，我抓到加比，它正试图从奥比特的眼皮底下拿走食物，我无法想象它会做这种事情。奥比特也同样无法理解，它显然感到很困惑。当我赶走加比的时候，我注意到它瘦得皮包骨头，尽管它在用餐时间作出了强盗行为。我注意到了这点，但并没有在意。这是一个很重要的区别。

现在，你们当中对猫科疾病有一些了解的人要说："呃……"然而，洛兰和我尽管对猫科疾病有比"一些"多得多的了解，却没有太在意。我们只是耸了耸肩，并没有做太多改变。它看起来是健康的。

幸运的是，加比需要看牙医，于是我带它去了诊所。我当时正给它做常规的麻醉前血液检查，这时真相终于大白。当我在诊所里观察它时，我的观点突然发生了变化。我让同事同时做了甲状腺激素水平检测。是的，我们的猫得了甲状腺功能亢进症，可能已经好几个月了，它在我们眼皮底下出现了教科书上的症状。

你们中的大多数人都熟悉关于鞋匠孩子的谚语。鞋匠太专注为顾客制作漂亮的鞋子,以至于都没有注意到自己的家人还光着脚丫。对于大多数兽医来说,这种极端情况不会出现,但有时类似鞋匠孩子的情况确实是存在的,而且令人尴尬。

这是一个有趣的话题(我希望如此……),因为当面临抉择困难的时候,许多顾客会问我们,如果这事发生在我们自己的宠物身上,我们会怎么办。这是一个很合理的问题。事实上,在我刚开始从业的时候,自己并没有多少宠物,但是在给出建议时,我会把"如果这是我妈的宠物"作为箴言来指导自己。我显然只能为自己说话,我也可能是个异类。尽管有这样的指导思想,我也不得不承认我对待自己的宠物的方式有时候的确与对待顾客的宠物不一样,常常会更糟糕,就像加比这个例子,但有时候也会更好。看看自己在哪里偏航了,也许会有所启发,因此我列了个清单:

★ 我从来不会因为宠物的年龄而让其停止接种疫苗,因为它的免疫功能可能会下降,而且我从来不担心会出现不良反应——很罕见,然而我并不能精确地按照接种疫苗的计划来执行。此外,全面、彻底的年度体检非常重要,因为宠物每增加1岁就相当于人类增加了5~7岁。如果说加比的经历教会了我什么,那就是我必须以一种对待宗教般的虔诚来对待自己的宠物,并且不能依赖那些随机的、都不知道会不会进行评估的检查,因为我们恰好生活在一起。

★ 得知我的一只宠物出现问题的那一刻,我就会给它做所有可能会有帮助的检查。对于客户,我们经常需要考虑做许多检查可能产生的花费,如果他们负担得起并且想要安心,我们就应该给他们提供尽可能多的检查选择,至少提供那些十分必要的。

★ 假如我的一只宠物病入膏肓,我会想方设法作出英雄的壮举,哪怕看起来不明智,我也要拼一次。我想,与我们针对自己的宠物作出的临终决策相比,我们在为客户的宠物提供临终决策咨询方面做得更好。

★ 我的家人喂宠物零食和人类食物的次数比我建议的次数要多,所以我理解那些温柔的棕色眼睛和咕噜咕噜的声音能对人类的意志力产生什么影响。然而,这并不是借口——你的意志可以也应该比我的更加坚定!

★ 为它们刷牙也是一样。我们没有给它们刷过牙,我的确知道我们该给它们刷牙,也相信给它们刷牙是有好处的。但这应该是我们家孩子的工作。这就是我的借口,我就不给它们刷。

加比现在正在服用治疗甲亢的药物,效果很好,所以没有什么损失。这是个宝贵的教训,我希望自己能真正记住。但说实话,我可能不会。

那是一个地狱般的新世界

我的女儿伊莎贝尔在小时候写了一本小书，书名是《猫咪学校》。第一章的标题就是"小猫咪的混乱——那是一个地狱般的新世界"（Kitten Chaos — It's a Hell New World）。而她原本想写的是"一个全新的世界"（a Whole New World）。是的，她写对了"混乱"（chaos）一词，但在试图写"全部的"（whole）时很搞笑地写错了。奇怪的是，她无意识地展现出了敏锐的洞察力。

在很长的一段时间里，我们养着一只狗和两只猫。这两只猫相处得很好，且团结一致讨厌狗，同时狗通常对它们敬而远之——可以说这是一个平衡合理的家庭生态系统。然后莉莉来了。

那是一个地狱般的新世界。

莉莉是一只杂交的暹罗猫，它美得令人难以置信，同时它也印证了列夫·托尔斯泰那句至理名言："认为美就是善，这完全是一种错觉。"莉莉很坏，纯粹的坏。第一天，这个几盎司重的毛茸茸小可爱就发起了一场恐怖袭击，它所展现的力量与残暴，让我们每个家庭成员——猫、狗、孩子、洛兰和我都措手不及。它移动得如此之快，速度就像思维变化的速度一样。前一秒我还在平静地吃着晚饭，下一秒我的盘子里就出现了莉莉的脸。我刚把它从桌子上扔下去，它马上就回来了。扔一次，回来一次。再扔一次，再回来一次。前一秒加比还在安静地梳妆打扮，下一秒莉莉就压在它身上，咬着它的耳朵。前一秒奥比特还在大口咀嚼着自己的早餐，下一秒莉莉就出现在了它的碗里，而它只能望着我，眼神充满了悲伤。上一秒那幅画还在墙上，下一秒就到了地上。上一秒花瓶还是……嗯，你明白我的意思。

正如现在大家在网上说的那样，苍——天——哪！当然，洛兰和我都是兽医，我俩加起来有56年的从业经验。在这整整56年时间里，我们给了身处类似困境的宠物主人各种理性、明智的建议。在这里我得承认，这些建议在我自己家里都不管用，至少还没有起到作用。家里的门关着以便为其他猫提供避难所，用来分散猫咪注意力的玩具以疯狂的速度堆成了小山，孩子们接受了培训以便让莉莉始终有事干，但我家仍是一个疯狂的马戏团。也许我们得到的最明智的建议是，再养一只小猫让上一只猫有事儿干。理智地讲，我知道这可能有帮助，但从心理角度来讲，我告诉你，这感觉就像我们拉响了第一枚手榴弹之后打算再拉响一枚。这种事绝对不能再发生了。

那么，我来解释一下，我们到底为什么要养一只小猫咪呢？你们之中有些人听过我的建议，即养两只猫很理想，三只及以上的猫就很难说了，那这是什么原因呢？我们为了伊莎贝尔养了莉莉。伊莎贝尔以前是一个快乐的、爱给自己唱歌和写古怪故事的小姑娘，但之后变成了一个被严重焦虑和抑郁困扰的青少年。她缺课太多次了，整整一年几乎荒废了。这是我最不愿意看到的，而且看到之后心如刀绞。这种无助感充满了我的身心。在这之后，莉莉从救助站来到了洛兰的诊所。任何其他时候我都会说不，任何其他时候。但当时的伊莎贝尔正处在人生最低谷，几周以来，我唯一在她眼中看到火花的时刻，就是当她看到莉莉照片的时候。尽管莉莉有着各种各样的坏习惯，但伊莎贝尔爱它，真的，真的爱它。

这不是一个皆大欢喜、动人心弦的小猫咪救了小女孩的故事。如果抑郁症真这么容易治疗就好了。伊莎贝尔仍然经历了很多糟糕的日子，但是你知道，现在也有一些好日子了。莉莉对此起到了什么积极作用了吗？我不知道。对我们其他人来说，这仍然是一个地狱般的新世界，但希望这对伊莎贝尔来说，是她迈向全新世界的第一步。

猫咪之日

猫有9条命的不利之处在于，当它们耗尽了9条命，走到生命的尽头,再也不能从日常生活中找到任何乐趣时,往往不会在睡梦中安静地离去。它们往往需要进入诊所,得到最后一次温柔的助推,以进入伟大的彼岸。猫就是那么顽强。因此,我们看到了许多风烛残年、瘦骨嶙峋、垂垂老矣的猫来到诊所接受安乐死。通常,全家人都会陪着它们,有时候还包括不到20岁的小年轻,他们的过往从未离开过猫咪。

距我跟自己的猫咪说再见已经很长时间了,但是自从上次在诊所对一只老猫——一只18岁的名叫小咪的玳瑁猫——实施安乐死后,这样的事一直在我脑海中浮现。小咪让我想起了我们家年龄最大的猫咪——露西——的许多事情,它也是一只玳瑁猫。我记起来,我们家的猫咪之日很快就要到了。露西过去是一只流浪猫,我们不知道它到底是什么时候出生的,经过研究推测,我们把它的生日定在3月1日。加比,我们家的老二,生日在9月(我们认为)。至于我们家最年轻的野兽——莉莉,也可能是3月初出生的。也就是在那时,我们决定把3月的第一个周六定为"猫咪之日",以纪念露西和莉莉的诞生。到了这一年的猫咪之日,露西就13岁了,正式成为一只老猫。我不是说它老掉牙,只是说它老了。它已经足够老了,我得换一种眼光看它。

对小咪实施安乐死之后,我回到家,给自己泡了杯茶,坐在经常坐的那张沙发上。露西睡在另一张沙发上，当我坐下时，它动了起来。它看向我，伸了伸懒腰，往下一跳，大声咕噜着走了过来。哦，是的，它绝对还能跳。事实上，除了变瘦之外，没有任何迹象表明它已不年轻。它曾经一直是只肥猫咪，一只肥肥的霸气猫咪，会在房间里来回走动，让其他宠物规规矩矩的，在它认为必要和合适的时候猛力拍打它们并发出嗞嗞的声音。但在过去的几个月里，它变得更瘦了。它在其他方面看起来都很健康，对其他动物依旧专横，但开始变得对我友好了。它之前从来都不友好，但总是偏爱伊莎贝尔和洛兰。然而，莉莉的到来，让它的重心慢慢发生了转移。一开始，莉莉就是伊莎贝尔的小猫咪。露西还是想和伊莎贝尔在一起，但是没法和莉莉待在一间屋子里，因此，在经历了数月的相互吼叫之后，它放弃了努力。同时，加比——这只"中庸猫"——巩固了自己作为洛兰猫的地位。

加上我吧。我不介意成为备胎。

我一边看着邮件，一边心不在焉地抚摩着露西。随后，我的思绪转移到它是如何蜷在一起的。它以前从来不这样做，至少和我在一起的时候不这么做。这让我想到了加藤，也就是洛兰学生时代养的那只猫。加藤是只混血的暹罗猫，名字来源于电影《粉红豹》（*The Pink Panther*）系列中克鲁索侦探的老朋友。就像影片中的角色一样，它会在你最意想不到的时刻用可怕的野蛮方式伏击你。我学会了极其小心地进入洛兰的住处。我们搬到一起住时是住在一个不允许养宠物的公寓,加藤便被送去和洛兰的父母住在一起。直到很久以后,我们有了房子,洛兰的父母去世了,加藤才回来和我们住。那个时候,它已经很老了,完全变成另外一只猫了。它不再偷袭,不再充满野性,变得成熟而深情。当它的时光已尽,我们看着它离去,心都碎了一地。

露西显然已经蜷得够久了,伸了个懒腰后坐了起来,环顾四周寻找莉莉。这时莉莉已经走到了房间的另一边。露西紧张起来,跳了下去。当它静悄悄地走向莉莉的时候,我才第一次注意到它的臀部是多么瘦。与鞋匠孩子的道理相反,露西上一年做了一次全面的体检和血液测试,但在一只老猫身上,许多事情都会变得很快,所以我知道我最好仔细看着它。老猫需要特别的关怀和特别的爱。

我的祖父活到了93岁。他去世后不久,我和我的一个叔叔聊天。我不记得当时具体说了些什么,但我肯定暗示过人年事越高,你就越容易放手让他们离去。我清楚地记得叔叔的回答:"菲利普,某个人在变老并不意味着你对他们的爱在减少。实际上,他们越老,作为你生命一部分的时间就越长,更有可能的是,你会爱得更深。"

猫咪之日快乐,露西,我的老猫。

猫的呕吐

在我们养猫的人之中，有谁没有后悔过在黑灯瞎火的家里光着脚走路呢？至于你们之中的其他人，我将把造成这种后悔的具体缘由留给你们的想象（文章标题也是一点暗示）。

其实事情的真相就是猫会呕吐。对于你们之中家里的猫咪从来没吐过的人，我保证你们是那一小撮快乐的人。问题在于，猫为什么会呕吐？为什么它们呕吐的次数比我们或者狗——实际上比任何你能叫上名字的动物——都要多？为什么它们要吐在最不合适的地方呢？对于第一个问题，我能回答上来一些，但很遗憾的是，对于最后一个问题我真是无法解答。我想，读完这篇文章之后，你恐怕还必须对那种独特的"啊咳、啊咳、啊咳"[①]的声音保持敏感，这样才能冲向"跳跳虎"的所在地，把它从地毯上抱起来，在它吐出来之前，将它放到地砖上。

一般来说，猫呕吐主要有两个原因：一是毛发问题，二是健康问题。将毛发说成"问题"有点夸张。对猫而言，梳理毛发是一项自然而健康的活动，它们锉刀一样的舌头会使它们在这个过程中吞下许

---

① "啊咳、啊咳、啊咳"，猫独特的呕吐声。——译者注

多毛发。这些毛发大部分经过消化系统并且随着大便排出,但也有一部分聚集在胃中。毛发不能被消化,它停留在胃里的时间越久,就会变得越黏,所以慢慢地,被吞到胃里的毛发会堆积在一起。瞧哟,"跳跳虎"的肚子里有个毛球!发生这种情况的频率高低取决于猫咪梳理自己毛发的力度以及它们毛发的长度。消化功能的一些随机因素也在起作用。最糟糕的情况是,一个有着长毛及神经质胃的重度毛发梳理爱好者一周呕出一个毛球。不过,每月1次至2次更为常见。如果这让你感到苦恼(相信我,这不会让猫感到苦恼:它们呕出毛球就跟你我看电视换频道一样随意),那么也有绝佳的毛球治疗法供你选择。有很多厂商声称自己生产的食品可以控制毛球的形成,那就是向它们中添加纤维来促进毛发排出消化系统。这似乎对解决轻微问题有用,但是我发现它们对那些更容易生产毛球的猫没什么效果。效果更好的是各种不同品牌的化毛膏。这些化毛膏看起来像牙膏,通常是麦芽味或者金枪鱼味的,其活性成分是白色矿脂,也被称为"矿脂冻胶"或者"凡士林"。这听起来可能有点让人反胃,但它完全无味,属于惰性物质,并且不会被血液吸收。它怎么进就怎么出,离开时带走沿途毛发。通常情况下,半茶匙的剂量——足够将你的食指淹没——每周一次就够了。但是偶尔你可能需要每天都喂,直到问题解决。

关于毛球还有两点误解。首先，毛球的"球"这个说法不准确。它们通常是管状的，或者是香烟形状的，这是由于它们在通往体外的刺激旅途中受到食道（食物通道）的塑形。事实上，它们常常被误认为是大便。你们中那些勇敢的人可以通过嗅觉分辨二者。其次，你不能因为你家的猫呕吐的时候有毛发出来，就认为毛发是罪魁祸首。许多猫的胃里都经常会有一些毛发，即使它们是由于其他原因呕吐，你也能看到毛发，甚至是完整的毛球。这把我带到了另一类导致呕吐的问题上，那就是健康。

我没有仔细算过，但估计了一下，让一只猫呕吐的原因至少有100种。呕吐是一种极其缺乏特殊性的症状，你能说出来的任何内科疾病几乎都把呕吐作为症状之一。因此，在这里深入讨论这个问题没有多大意义。然而，我可以告诉你如何判断是否该咨询兽医了。如果以下这些事情发生了，你应该预约兽医：

1. 呕吐伴有食欲不振、精神不足、口渴、排尿或排便异常；

2. 大体上，慢性呕吐一周不止一次；

3. 慢性呕吐常伴有体重减轻；

4. 看起来是毛发问题引发的呕吐，但是治疗之后不见改善（这些治疗很少是百分之百有效的，有时呕吐还是会发生）。

如果没有上述问题且只是偶尔见到毛球，那么我只能建议你，到了晚上最好穿上拖鞋或者凉鞋（穿袜子的效果没那么好）。

乔治

乔治是我相当喜欢的病患之一，麦金托什女士也是我相当喜欢的客户之一。很多年前在伯奇伍德，那时我刚开始执业不久，麦金托什女士是第一批要求专门见我的客户中的一个。我的一位老板在那里工作了30多年，他的客户非常忠诚。我的另一位老板是诊所里的第一位全职女性兽医，她很快就有了一批拥趸，这主要归功于她更为现代的诊疗手法，以及这样的一个事实：比起在粗糙的男性面前，一些动物在温柔的女性面前没那么恐惧。其实并非所有的女性都温文尔雅，也并非所有的男性都聒噪，但这就是当时伯奇伍德的情况。不管怎样，虽然我总是很忙，有很多顾客，但想要吸引顾客，让他们经常找我也很不容易，我为麦金托什女士给我投下信任票而满心欢喜。

麦金托什女士年龄已经很大了，说话带着柔和的苏格兰口音，似乎拥有无数件以猫为主题的毛衣。我曾怀疑她是一名战时新娘，但在那时，我觉得自己有必要抱着一种狭义的专业主义精神来工作，也没想要问她什么私人问题。乔治是一只年轻的有橘色斑纹的公猫。麦金托什女士解释道，它的名字源于她的父亲。考虑到她的年纪，我推测老乔治·麦金托什先生一定出生在19世纪的苏格兰。想到他知道100年后在加拿大会有一只猫以自己的名字命名时会做何反应，我笑了。

有橘色斑纹的猫的体形往往较大，它们通常对人友好。老实说，这两点乔治兼而有之。它像一只充满爱意的巨大泰迪熊。给它做检查是一种挑战，因为它总是想用头撞我的手，或者蹭我的胳膊。它打呼噜的声音特别响亮，我发誓连桌子都在颤抖。我爱这只猫咪，它可能是第一个与我真正建立联系的病患。因此，当在电话里听麦金托什女士描述它的症状时，我特别留心。那是11月阴沉的一天。

"这小家伙有两天没吃东西了！甚至连最喜欢的金枪鱼罐头也不吃。"

乔治算不上是个"小家伙"，但她的语气中充满焦虑，我就没有细究这一点。

"它喝水和排尿的情况怎么样？"

"太可怕了，医生。它不喝也不尿。"

这让我很担心，因此我让她那天下午带着乔治一起过来。

乔治来到诊所时仍会打呼噜，但它没有力气再用头撞我的手，或者蹭我的胳膊。它已经脱水了，而且它的口气很难闻，就像不干净的小便池的气味。我有种不好的预感。

"好吧，我们需要做一些血液检查。我很担心它的肾脏。在等待结果期间，我会给它输液。"

"请您按照需要去做吧。"

检查结果确证了我的怀疑，它的肾脏状况非常糟糕。它患了一种被称为"急性肾功能衰竭"的疾病。这就是说它的肾脏突然停止工作，糟糕到再也无法排尿了。这也许不会让一些读者感到惊讶，因为人们通常认为尿液分泌过少是肾衰竭的常见征兆，但实际上，情况几乎是相反的。通常，肾衰竭时会产生更多的尿液，因为这时肾浓缩尿液和为身体保存水分的功能受到了损害，直到最严重的阶段才会停止排尿。为什么这会发生在乔治身上？它才5岁，这让我很困惑。我把这个问题解释给麦金托什女士听。

"我们能为它做些什么吗？能做些什么吗？"在我说完后，她问我。她是一位坚强的女性，但是这时双眼通红，声音颤抖。

"有的，我们给它进行48小时的液体冲击①治疗，看看能不能让肾脏恢复工作。同时，我们再做几项检查，试着把原因找出来。"

---

① 急性肾功能衰竭需要鉴别其原因，有3种治疗途径——补液、利尿、透析。"液体冲击"一词更符合我国医疗界的语言习惯，"静脉注射"比较书面化。静脉给药时，我国医生一般说"静点"或者是"静推"。静点就是静脉点滴，静推就是静脉推注，也就是静脉注射。——译者注

我不知道麦金托什女士对肢体语言的敏锐度有多高，但我知道我根本不相信自己说的话。我不能当面告诉她真相，说没有希望了，找出原因实际上也没有什么帮助。乔治需要肾移植，而这是不可能的——在20世纪90年代早期的温尼伯。说完这些话，我自言自语，试图让自己想象或许还有一线恢复的希望，也许这些检测都有问题。

检测没有问题。乔治待在医院接受了2天的液体冲击。每当麦金托什女士过来看它，以及我给它检查或者治疗的时候，它都会发出呼噜声，但看起来总是很悲伤。它已经不再是我们熟悉的那个乔治，它变得越来越不像它，每过一小时就会有变化。第二天，我得到了答案——它防冻液中毒了。在尿液检测中，我们经常可以看到防冻液导致特征性结晶的产生，但是由于某种原因，这些结晶可能没被检出或者被遗漏了。然而，我们通过X光片看到，它的肾脏基本上变成了坚硬的结石。它确实没有希望了，而且正在受苦。我往它的静脉中注射过量的巴比妥酸之后，它在麦金托什女士的怀中平静地死去了。我们都哭了。

我们一直没有搞清楚乔治中毒是有人故意为之还是纯属意外。乔治确实喜欢去邻居家闲逛，但每个人都喜欢它。麦金托什女士更愿意相信这是一场意外。防冻液是甜的，猫和狗都难以抵抗这种诱惑。

2周后,麦金托什女士回到了诊所,她带着一只小猫咪来了。又是一只橘猫,但是这次是只母猫。她给它取名安妮,这是她母亲的名字。

疱疹!

"呀!是只小猫咪!"走进检查室时,我惊呼道。这是我在这类情境下的标准问候语。这种情感相当真切,因为一直以来由于小猫咪的来访而出现不快乐的情况很少。小猫咪极少有很严重的疾病,而且小猫咪总是很可爱,是很好的气氛调节剂。

"它叫伯纳德。"一位年轻的姑娘一边欢快地说道,一边拿出一个扭动着的黑白色毛团。我猜,这姑娘还没到20岁,小猫咪一直依偎在她的灰色连帽衫上。

"好的,你好,伯纳德。"我弯下腰,跟它打招呼。伯纳德直视我的眼睛,发出咝咝的叫声。还有什么比一只小生命试图让自己看起来很凶猛更可爱的吗?这只小生命只要不咬你,就非常可爱。伯纳德没有咬我,它只是又咝咝叫了几声,举起爪子朝我挥了几下。小猫咪的指甲像针一样尖,所以它的可爱程度在我的评价中下降了一个档次,但总的来说,能见到一只小猫咪,我还是很高兴的。

"我明白你为什么把它带过来了。"我一边说一边凝视着它的眼睛,这双眼睛里面布满了结痂的分泌物,"你养它多长时间了?"

"我两天前刚把它从救助站带出来。他们说它感冒了,但正在好转。今天早上,它的眼睛就被粘上了。"

"那它有什么异样?它的食欲和精气神怎么样?"

"很好!它精力充沛,也吃得很好。"

我又问了几个关于它的症状的问题,然后在它可以接受的范围之内进行检查。检查小型动物比检查大型动物更容易的想法是错误的。对于小型金毛寻回犬,检查行为是需要一个最佳击球点(Sweet Spot)①的,不管你是朝哪个方向,一旦偏离这个点,情况都会变得困难。

"它的眼睛被感染了,这是由于它在救助站里感染的同一种感冒病毒诱发的二次感染。"给它做完检查后,我解释了一下原因,并把它还给了她。它在她的腿上又冲着我呦呦直叫。

"眼睛感冒了?"她问道。

"是的,你可以这样说。我们的鼻子或者喉咙常常会患上感冒,而猫的鼻子和眼睛也会患感冒。世界上有许多不同的猫类感冒病毒

① 最佳击球点,网球术语。——编者注

或者上呼吸道病毒——我们也这样称呼，但是我认为伯纳德是患了疱疹。"

有时这种诊断会引发不好的反应，但这次没有。那位姑娘只是笑了笑并点了点头，同时试图抓住伯纳德——这只小猫决心打破常规，探索一下屋子。

"你最好别让它跑，因为这些病毒很容易传播，如果它不在房间乱跑的话，之后的消毒会更容易些！我会给它开一点眼药水，过几周再给它复查一下，以防疱疹变成慢性病。出现那种情况的话，我们需要另外一种治疗方法。如果它不吃东西，或者在此期间看起来情况恶化了，请给我打电话。"

我们聊了一些其他和照顾它有关的事项，便说了再见。我继续接待我的预约客人，很快就忘记了伯纳德。

第二天早上，我正走向工作桌时，一个接待员拽住了我。"在你脱下外套之前打扰你真是不好意思，菲利普，但是请立即给福勒先生回电话。他今天早上已经打了两次了，而且他真的有点抓狂！"

"福勒先生？他是谁？"

"他是昨天抱着那只小猫过来的女孩的爸爸。你知道的，就是那只患了上呼吸道感染的小猫。"

"哦，好的。我想知道他因为什么这么着急？"

"不清楚，但是他在电话里大吼大叫的，说他需要'立刻和那个该死的兽医说话'。"

"好极了。"

"祝你好运。"她说道并眨了下眼睛。

我深吸一口气，试图在脑海中回放前一天的接诊情况。通常人们会因为收费高而生气，但是我并不认为对伯纳德的收费算很贵，只有小猫的检查费用和眼药水费。太奇怪了。哦，好吧，等待和猜测是没有意义的。最好还是把这件事情做完。我拿起电话拨了过去。

"早上好，我能和福勒先生说话吗？"我问道，希望自己声音中的欢欣意味不会显得太过勉强。

"就是我。"

"嗨，我是伯奇伍德的菲利普·肖特医生。我想，您是不是对昨天您女儿带着伯纳德看病有点担心？"

"谢谢您的来电。现在，也许您可以告诉我，为什么让她带着那只小猫回家？"他的语气冷酷又强硬。

"什么？这里面肯定有误会。它病得没那么严重，没必要让它留在诊所。"

一个短暂的停顿过后，他的声音响得跑出了电话线："这不是我要说的！我说的是诊断！你怎么能让我17岁的女儿养一只得了疱疹的小猫！"

打脸了。

"哦，不！我太抱歉了！我现在明白您担心什么了。不是那种疱疹，先生！我应该向您女儿解释一下。它是一个病毒大家族的成员，猫类的病毒不会感染人类，而且它们不是……呃……它们不是……与性有关的。"

我吸取了教训。我现在要么用"感冒病毒"来指代它，要么非常仔细地解释我所说的疱疹是什么意思。我希望伯纳德恢复良好，但我再也没有见过她们。

做点薄荷

我们试着成为社区中的优秀成员，为此在诊所门前搭了一个狗形的自行车停车架，在诊所旁边种了成荫的绿树并放了一条野餐长凳和几个花盆，还做了低矮的花坛。除了一些小麻烦，比如我们的花坛植物被偷了（到底谁会干这种事啊），其余的都令人感到很愉悦。然而，这些愉悦主要是人类享受的，而不是动物享受的，但它们应该是我们的主要关注对象。情况一直如此，直到有一天，一位客户说她可以为我们种一点猫薄荷。她说，她的园子里种了数百种猫薄荷，她想要把这种快乐传递出去。诊所面朝南，而猫薄荷喜欢太阳，所以猫薄荷在那应该会生长得很好。她的想法是，客户可以给他们的猫摘点猫薄荷带回家，作为看兽医的奖励。我找不到什么理由去反对这个好主意，于是几天之内，我们诊所就变成了一家供应新鲜的、纯天然的猫薄荷的药房。然而，不久之后问题就随之而来：

"我不想让我的猫吸毒，这会不会导致它精神恍惚？"

"它会上瘾吗？"

"如果我突然让它戒了，它会有什么反应？"

"这会不会对它不好？"

"它会吸过量吗？"

"为什么这会让它变得奇奇怪怪的？"

"为什么猫薄荷对我的猫不起作用？"

"猫薄荷是免费的吗？"

嗯。不会，不会，没什么反应，不会，不会，嗅觉受体刺激作用，基因，是的。这是简短的回答。不过，长篇回答的版本相当有趣，所以请读下去。

猫薄荷，学名荆芥，是薄荷家族中的一员，它的叶子中含有一种名为荆芥内酯的芳香油。当它的叶子被揉碎或撕裂时，这种化合物会挥发到空气中，然后与猫鼻腔通道内的受体结合，在那里激活猫体内的阿片系统，使之释放出内啡肽，它就像跑步运动者兴奋剂的加强版。它还刺激通向杏仁核和下丘脑的脑神经，而杏仁核和下丘脑是强烈情感甚至性反应的调节中枢。因此，无论性别，在猫薄荷作用之下的猫咪的行为都有点像发情。此外，它们还会流口水，并在猫薄荷上摩擦，可能是想要释放更多的荆芥内酯。这种效果通常会持续10分钟，之后它们能对猫薄荷的诱惑产生半小时的免疫。但是，它们不会形成长期的耐受性，所以对猫咪个体来说，每次接触到猫薄荷的反应几乎是一样的。

野生猫科动物，如老虎、猞猁、狮子和豹子等，对猫薄荷也有反应。这或许是在证明这种看起来愚蠢的反应可能具有进化上的优势。我们一直不知道这种优势到底是什么，直到日本一些科学家发现荆芥内酯具有强大的驱蚊功效。关于它对人类的作用，前期研究正在进行之中，但是研究人员警告说，在有狮子或老虎的国家徒步登山时，涂抹荆芥内酯是不明智的。的确如此。

约70%的猫对猫薄荷有反应，剩下的30%没有任何反应。这是一种典型的非此即彼的命题。想象一下，那些没有反应的猫咪会如何看待这些流口水、打滚儿、喵喵叫的多数猫咪——"软弱的家伙""失败者"。这种不同完全取决于基因。有趣的是，小猫大概直到6个月大的时候才会对此作出反应。

当然，人类对荆芥没有反应不是因为缺少尝试。人们已经多次试图将它作为大麻的替代品。科学研究表明，任何感知到的相似性都是凭空想象出来的。一些原住民就曾用猫薄荷来给婴儿治疗肠绞痛。

其他植物对一些猫也有类似猫薄荷的作用，特别是对那些本身对猫薄荷没有反应的猫。这些植物包括缬草根、银藤和金银花。

最终，猫薄荷全死掉了——我们擅长养活动物，而不是植物。我们没再种植它们。实际上，在经历了紧张的兽医诊疗后，猫咪都非常喜欢含有猫薄荷的绒毛结。我们在前台保留了一盆。这是安全、合法、不会让猫成瘾的（不会的，老虎不会为了满足自己的嗜好而抢劫加油站），而且能让大多数猫咪爽一把。我们怎么能不喜欢呢？

BRRT

我刚搬来温尼伯的时候，出过几次急诊，其中一次是在周日上午，当时时间过得异常慢。忽然，一名技师拍了拍我的肩膀。

"菲利普，刚才你的姑姑抱着一只猫来了。"

"我姑姑？不可能。我的七大姑八大姨都在德国。"一般而言，兽医诊所遇到的古怪客户在整个客户群体中占了很大的比例，但急诊诊所似乎对这些人有着奇特的吸引力。显然"我姑姑"就是其中之一。我曾遇到个别人声称是我的朋友以便得到些优待，但还从来没遇到有人说是我的亲戚。这也太棒了。

"这就是她说的！她看起来人不错。你能看看她的猫吗？"

"好的，当然，为什么不？"

她是洛兰的姑妈妮蒂。那时候洛兰和我还没有住在一起，所以她称自己是我姑妈有点牵强，但妮蒂是个热心而宽容的人。她带着一只三条半腿的灰色猫咪。是的，三条腿和半条腿。它的左前腿是一条残肢，末端刚好在肘部以下。啊！我记起来了，它就是伯特，洛兰跟我说过它的事情。

伯特当初来到诊室的时候还是只流浪猫。它的前腿被陷阱缠住了，简直无法救治。它没有家，收容所已经满了，而我们兽医需要做大量的工作来处理它那只受伤的腿，因此大家一致认为，可怜的小家伙应该摆脱这种痛苦并被实施安乐死。这是一个艰难的决定，但客观上是正确的。这只猫其他腿上的毛被剃了，静脉的位置也确定了，洛兰正准备注射安乐死溶剂时，伯特把头撞到她的手上，并大嚷了一声："brrt！"

洛兰做不到。大多数时候，兽医会硬着头皮推下去，但有时候就是做不到。那天的情况就是如此。她叹了口气，坐了下来，不知道接下来要做些什么。猫咪不停地用头撞她，叫着"brrt，brrt"。然后她想起了姑妈妮蒂。妮蒂爱猫，但并不是为猫痴狂的人。也许妮蒂家里能为这只猫腾出一个位置，她也的确这样做了。而且，她立刻给它取了名字——伯特，因为它爱制造"brrt，brrt"的声音。

现在，让我们回到急诊室。妮蒂把伯特带来，是想检查一下它的残肢。洛兰在几周前给它做了截肢手术，一切都很顺利，但妮蒂担心的是伯特今天怎么样。

和往常一样，当我仔细检查残肢的时候，伯特叫了声"brrt"，并用头撞击我。伤口的缝线最近被拆掉了，一切看起来都很好，除了顶端有一点发红。不过，它看起来并没有感染。

"这是不是你在意的，妮蒂？这些发红的地方？"

"是的，我想确定这是否有问题。"

"我想这没问题。注意是否出现肿胀或者分泌物。一旦出现并变得更红了，你就给洛兰打电话，不过现在没事。它其他方面怎么样？"

"它好极了！只用了一天的时间，它就成了家里的国王！"

"是吗？用三条腿去追其他猫，是不是？"

"不仅是追，还抓着了！它抓住它们，用好腿把它们按住，然后用残肢揍它们！"

现在我知道为什么它的残肢有点发红了。

伯特已经去世很久了，妮蒂最近也去世了。她年事已高，并且得了阿尔茨海默病。我听说妮蒂最后一次微笑是在她的猫咪米茜被带到医院看望她的时候。

三个F

你们中的大多数可能听过"应激反应"这个词。如果某种被动物或者人类视为威胁的事情发生了，沿着下丘脑—脑垂体—肾上腺皮质轴（大声读出这个词是测试清醒程度的绝佳方法）会发生一连串的神经系统活动和应激激素活动。最后的结果是，感受到威胁的个体会扩大瞳孔以便让更多光线进入，心脏加速跳动以便能为肌肉供给更多血液，同时停止消化等非重要功能，以便所有资源都被调动起来去应对危机事件。个体立即准备好对抗（fight）威胁或者逃离（flee）威胁。然而，还有第三个以"f"开头的词：僵住（freeze）。谢天谢地，当我的病患感知到我是一个威胁时，它们更倾向于僵住，而不是对抗。逃离可能发生在僵住和对抗之间的某个时刻。

因此，极为常见的情况是，一只受到惊吓的猫在检查台上僵着，拒绝看我，甚至拒绝在意识中承认我的存在。那些钻到自己主人椅子下的狗狗也一样。然而，它们仍瞳孔放大、心率较快，这表明下丘脑—脑垂体—肾上腺皮质轴已经被完全激活。如果你要做的只有僵住，那所有准备还有什么意义？为什么不放松并节约体力呢？你只是坐在那里，尝试着说服别人你并不存在？"猫？什么猫？我一只猫也没看到。"我想，看待僵住这种反应的最好方式是将它视作逃离的前戏。你可以用很大的力气拨弄许多僵住的病患，而且它们会一直僵着，但是我想它们中的大多数都有底线，一旦你突破了底线，它们就会逃离，甚至可能会"奋起反抗"（如咬掉你的手指）。它们认为，在僵住的时候，最好的办法就是最大限度地保持警戒，以备底线被突破。尽管不得不承认，僵住对检查身体的某些部位是很有利的，但我仍然为这些可怜的、压力过大的生命感到难过。我参加过被称为"免于恐惧"的兽医课程，而且已经获得了免于恐惧从业者的资格认证，但对动物来说，一次免于恐惧的看病之旅和某些人心中免于恐惧的鬼屋之旅是一样的。这个世界上根本就没这样的事。

我在《宠物医生爆笑手记》中写过僵住和对抗，那么逃离又是怎样的呢？虽然有一些猫围着墙脚快速奔跑，兽医们扑向它们却戏剧性地扑了个空,扯着嗓子喊道"关上门!关上门!"这样搞笑的故事,但大部分故事都关乎因恐惧而失去理智的宠物,因此这并不是纯粹的喜剧。相反,我将讲述一个不涉及任何一只真实动物的故事,尽管它关乎真正的恐惧——工作人员真正的恐惧。请让我慢慢解释。

你们中的有些人可能会认为,兽医和他们的同事在没有忙着治疗动物的时候会坐成一圈,认真地讨论如何治疗动物。可以肯定的是,有时候确实是这样,但是我们是人,我们也会聊八卦、游手好闲、开玩笑、搞恶作剧。现在,在我看来,我的同事都聪明了起来,但连续有几年,我都能逃脱某些精妙(如果由我来做的话,我会这样对自己说)的愚人节恶作剧。有一年,我把炸豆泥做成了一个非常逼真的腹泻物的仿制品。关于这一点可能没有必要详述。还有一年,一位心怀不满且悲痛万分的仓鼠主人说,除非我的一位同事在仓鼠的葬礼上加入一场形意舞的表演,不然就要起诉他。那时,我在试着说服同事照做。

在第二年,我不得不想办法琢磨出一个更妙的主意。幸运的是,第二年的4月1日是周一,我是前一个周六的值班医生,这使得我可以在周六(我们周日休息)其他人都不在的时候,创造出一个假的病患。我叫我的女儿伊莎贝尔和我一起去,并且带上她的一只逼真的毛绒玩具猫。我建立了一个档案,并把这只猫作为入

115

院病患，将其信息标注在治疗方案白板上。然后，伊莎贝尔和我搭了个笼子，并在笼子上盖了块毯子。现实中，如果这里的猫特别焦虑，我们就会这样做，保护它的隐私以便让它冷静下来。在笼子的卡片上，我写下红色的大字："注意！会猛扑！会咬人！逃跑风险高！！"然后我们把笼子开了一条缝，回到了主治疗室。我拿了一架梯子，爬上去把天花板的一块砖移到了一边。伊莎贝尔咯咯地笑着，把她的玩具猫递给了我，我把它放在天花板上，随后把天花板的那块砖差不多移回原位，只留下一条缝，好让玩具猫的那条令人难辨真假的尾巴露出一小截儿。

周一早上简直棒呆了。我确保自己在第一名同事到达时就在现场。他们周六不在，所以我这个假病患的骗局很容易得逞。

"哦，我的天，周末留院的那只疯狂的猫咪跑丢了！"

我严肃地点了点头，强调了那只猫受到惊吓时会有多危险，然后有人发现了尾巴。他们都知道另一家诊所的一只猫的故事，那只猫在天花板上生活了几周，躲掉了所有引诱或捕捉它的尝试。他们知道，在它逃到天花板更深处或者更难以接近的地方之前，可能只有一次机会抓住它。当时，其他人站在警戒线上，准备好了大毛巾，其中一人悄悄地拿起梯子，披上大皮甲，朝着尾巴爬了上去，然后……

我曾一度是温尼伯最令人讨厌的人。

暴雪

出于显而易见的原因，与"雪"这个元素有关的名字在白猫中很流行。我见过许多雪球、雪雪，一些雪花和一两个冬天，但只有一个暴雪。卡弗太太以这种可怕到致命的与雪相关的自然现象给她可爱的小白毛球命名，这展现出她可怕的先见之明。在我30来年的职业生涯中，我见到过不少野猫，暴雪是它们之中的王者。它在家里可能很可爱，但在诊所里就像一只被酸浇了的白色狼獾。幸运的是，虽然猫咪是个暴脾气，但卡弗太太的脾气很好，她是个有点驼背，眼睛里闪烁着光芒的娇小老太太。"噢，暴雪。"当工作人员用焊工手套和厚厚的毛巾武装自己时，她会咯咯地笑。

通常情况下，暴雪的年度就诊只做那种最敷衍了事的检查。它会尖叫、嗖叫、咆哮、出击，而全副武装的工作人员会试着小心翼翼地将它放到一个便于我检查的位置，在这个位置我起码能看到它身体的一部分。触诊或者仔细检查它身体的任何部分都是完全不可能的。幸运的是，它看起来总是很健康，甚至太健康了，我会在暗中对此大肆讥讽。卡弗太太是位非常细心的主人，因此她也提供了一些非常好的记录。有时，兽医只能得到一份好的历史记录和远距离的观察机会，而这已经足够好了。直到有一天她带着它来到诊所，说它最近表现得很滑稽。在我内心对暴雪的"滑稽行为"进行讽刺之前，她继续说着，说它动作变得很慢，摇摇晃晃，还有点不正常。在检查室里，它完全不是之前那种样子，但仔细想想，它对我的厌恶程度以及想要抓破我的脸的冲动似乎有所减弱，比如，从11分降到了10分。当它对我尖叫的时候，我注意到了一些奇怪的东西。它的牙龈、舌头和上腭都是深深的砖红色。当然，它的血压升高，这会对它的肤色产生影响，但是这次不同。我不知道是怎么一回事，也不知道该怎样将这个情况与它的其他症状联系起来，所以我放过了我自己，并要求采血。或者，更准确地说，指使不幸的工作人员抽血。

当时，有个叫蒂姆的学生在我们这儿干活，努力备考兽医学校。他担任兽医技师的助手，而且在采血方面做得很出色。我向蒂姆解释了情况，而且警告他可能需要帮助。通常情况下，我们会给这样的病患打镇静剂，但暴雪患了一种非常奇怪的病，我们不知道哪种镇静剂是安全的，所以首先得在不打镇静剂的情况下试一试。技师们都忙得不可开交，而我的客户又来了一个，我的同事鲍勃没啥事，所以他自愿帮蒂姆一把。这是鲍勃的伟大之处：他虽然是一名资深医生，但也不会觉得自己就不能干一些基础活了，无论是清理垃圾、打扫狗舍，还是在学生要给诊所里脾气最暴躁的猫咪采集血样时帮助控制这只猫，或者亲自采集血样。如果这是一部电影或者电视剧，此时就是不祥的音乐响起的时候。为进一步作铺垫，我先说明，暴雪是全白的，蒂姆穿着一件白色的实验大褂，鲍勃穿着一件淡蓝色的医生夹克。

我不得不赶赴我的下一个预约，但能听到在诊所的另一端，这只猫在尖叫，人们在咆哮。我的客人和我彼此强颜欢笑。

"猫不开心了？"客户尝试着打探。

"是的。可以这么说。"

幸运的是，这次预约的只是一次常规的疫苗接种，所以我能够快速结束工作，冲到后面去看看发生了什么。显然，在被蒂姆交给鲍勃的时候，暴雪从鲍勃手中挣脱出来，他们两个手里拿着毯子，追着猫穿过诊疗室，而其他工作人员则跳到一边，并关上了可能让猫逃跑的门。候诊室里已经挤得满满当当的，所以我能想象得到如果暴雪到了那里会是怎样一种情景——一枚嗷嗷作响的白色导弹，猛击任何想要挡住它的东西。最终，他们将暴雪逼到墙角，并用一条大毯子盖住了它。鲍勃决定把它带到 X 光室，并试图在那里拿到血样，因为那里又小又静，还远离诊所的繁忙区域。于是，鲍勃把正如魔鬼一般在毯子下挣扎的暴雪带往 X 光室，蒂姆跑在前面开门，而其他工作人员则带着惊恐和害怕的神态站在一旁看着。

在漫长的几分钟静默后，X光室里爆发了地狱般的骚动。没有人敢开门，以免暴雪跑出来。然后在一阵突然的安静后，他们三个现身了。鲍勃浑身是血，蒂姆浑身是血，毯子下的暴雪浑身也是血。那是鲍勃和蒂姆的血，血溅在衣服上，就像杰克逊·波洛克（Jackson Pollock）[1]的万圣节特绘作品。X光室里发生的事情不可描述，但是他们拿到了血样。暴雪的血装在一个小瓶子里。

有些疾病每周诊一次，有些每月诊一次，有些是每年，还有些是几年，再有就是职业生涯中只见过一次的。暴雪就得了其中的一种疾病。血液样本显示，它的红细胞数量是应有数量的2倍。这叫作"红细胞增多症"，它是贫血的反义词。它会导致血液变浓、变黏，减缓血液到达大脑的速度，导致病患出现奇怪的神经系统问题。有时这是因为肾脏中有肿瘤，导致机体产生了过多的红细胞生成素——一种会刺激血红细胞生成的激素，而有时是因为所谓的原发性红细胞增多症或者真性红细胞增多症——基因缺陷导致骨髓造血过于活跃。我们认为，暴雪相对年轻，它的病因可能是后者。此外，最终的检测费用超出了卡弗太太的支付能力，而且不管怎样，她说了，如果是癌症的话，她就不给它治了。

---

[1] 杰克逊·波洛克（1912—1956），美国抽象表现主义绘画大师。——编者注

当时的目标就是降低暴雪的红细胞数量来改善它的生活质量。我唯一能想到的办法就是静脉抽血，也就是定期抽出大量血液，有点像200年前的水蛭疗法，但我们依赖的是科学和针头。顺便说一句，如果对猫使用水蛭疗法，猫会马上把"水蛭"给弄下来。这种方法显然只在实验室中尝试过。当我在和包括蒂姆在内的一群人谈论暴雪的静脉抽血方式时，蒂姆立即说："我那天休息。"然后他意识到我还没有说具体的日子，便补充道："不管暴雪哪天来抽血，我都知道我那天休息。"

这时，我不得不把功劳归于我的另一位同事，芭波。她提到，她在一次会议上听说过一种名叫"羟基脲"的药物，这可能对治疗真性红细胞增多症有效。这是在网上出现兽医数据库之前发生的事，当时教科书已经过时好几年了。因此，我们常常通过会议、期刊和同事之间的对话获得新知识。羟基脲并不总是有效的，而且有一些潜在的、严重的副作用，但是考虑到将静脉抽血作为暴雪的常规治疗方法是非常可笑的，我们决定试一试。然后你知道的，它有效。我们继续观察它的症状，而不是试图再次化验它的血液。卡弗太太报告说，几周后它就恢复正常了。每当我看到它，它都会像往常一样对我尖叫，它的牙龈又回到了日常的亮粉色。

暴雪又活了好几年。我是记得暴雪的人中最后一个离开伯奇伍德的。那件事过去20年后，鲍勃不幸去世了，其他员工都离职了。蒂姆后来成了一名兽医，满镇子工作。我打赌他也记得暴雪。

它最爱的地方

"你能在它最爱的地方做吗？"这是这位年轻女士在门口迎接我时说的第一句话。她又高又瘦，穿了一身黑。很显然她已经哭过了。我到她家去是为了给她的猫——雷金纳德——实施安乐死。实施安乐死是人们要求兽医上门服务的常见原因之一。这很有道理，特别是对那些讨厌看见兽医的动物来说。它们在最后的时刻，应该尽可能地平静且远离恐惧。然而，显然，一个陌生人来敲门也会使它们恐惧，因为到处都找不到雷金纳德。

"是的，除非是我，否则其他任何人来了它都会立马跑开。"

女士和我开始寻找它。她住在一栋古老宅子的上层。我不知道这栋宅子原本就是这样，还是在翻修中去掉了墙壁，它的空间很大，我进入的这个房间看起来有起居室、餐厅和厨房加起来那么大。它到处都是美丽的细节，比如，壁板和雕刻的门楣，但我太专注找猫而没有过多注意。房间里很暗，里面有无数的角落和缝隙供雷金纳德隐藏。它是一只小型猫，一只意志坚定的小猫能把自己塞进什么样的地方，往往令人震惊。我们悄悄地四处搜寻，常常蹲下看东西的下方；如果有柜门已经半开，我们有时也会打开看看。但我们没有找到雷金纳德。

然后那位女士微笑着说道："我知道它在哪里了。它是个聪明的孩子。我打赌它已经去了它最爱的地方。当它试图躲避陌生人的时候，从来不去那里，所以我没想着要去那里看看，但它知道现在它的时间已经到了，那是它应该去的地方。"

我只是点头示意，看着她走向靠着远处墙壁的老旧的黑色铸铁暖气。果然，雷金纳德在那里。正如我提到的，房间里很暗，我仅能看出暖气下面有一双金黄的眼睛和一些胡须。那位女士咕哝了几句，然后伸手去摸雷金纳德。房间里面一片寂静，所以我能听到它回应时的呼噜声。

"它喜欢那里，特别是现在它又老又瘦。"

"我记不起来了，它到底多大了？"

"去年10月满23岁。它跟我在一起的时候我才5岁。我搬出父母家的时候，把它也带上了。我们在一起度过了一生。"

我回忆了雷金纳德的诊疗记录，它没有被列入"猫有9条命"这个备忘录，它有10条甚至更多的命。但是现在是时候了。它差不多得了每一种你能叫得上名字的老年猫咪疾病,而且已经3天没有吃东西了。

"我很难想象这对你来说有多难,但是你正在做正确的事情。"我说道,虽然觉得诉诸陈词滥调有点差劲,但这句话是完全合适的。

"谢谢你这么说。我希望我是对的。"

"你当然在做正确的事。"

"你能在那里做吗,医生? 在它最喜欢的地方,它会安宁而幸福。"

我还能说什么呢? 我应该说"不"的。如果当时我有一名技师跟着我搭把手,这会比较现实,但那时我正在宠物诊所做临时工,店主觉得我这个想法极为可笑。"我都是自己去!"他说道,"而且,我也抽不出来别的员工。"哦,好吧,还能有什么更糟的呢? 我想着。

我不知道会这么糟糕。

在雷金纳德这个年龄和身体情况下,它应该有着纤细和脆弱的血管;房间很黑,它在暖气片下面,没有人帮我……会出什么状况呢? 应该有个词来形容既令人感到恐惧、滑稽,又令人感到悲伤的情况。悲喜剧很接近,但它和我感受到的强烈恐惧并不完全匹配,我觉得这一切很容易就会变得非常糟糕。我能想象雷金纳德的腿上还插着针,在房间里奔来奔去,主人在尖叫,猫在尖叫……

"我试试看。我们只需要一步一步地来。"

我准备好安乐死的注射器,然后靠着暖气坐在地板上。雷金纳德看起来很紧张，但没有逃跑。我想，这毕竟是它最爱的地方。我轻轻地跟它说着话，一直等到它表现出放松的迹象。慢慢地，它的耳朵竖了起来，身体的紧张程度看起来也慢慢减轻了一点。通常情况下，我会先给它打镇静剂，但这样做意味着要把它拖出来，因为我必须接触到松弛的皮肤或者肌肉才能实施注射。我能看到的或可能接触到的只有它的脸和两条前腿。它，或者它的主人，是不可能容许我拖拽它的。

好的，深呼吸。

我小心翼翼地把手伸进暖气片下面，开始抚摩雷金纳德的左肘。它起初退缩了，但最终允许我抚摩。它的主人就在我身边和它说话，这可能对我有点帮助。几分钟后，我用另一只手拿起止血带，伸向它的左爪。

"这有必要吗？"女士问道。

"有，有必要，恐怕是这样。"

我慢慢地把止血带推到它的肘部，然后轻轻地拧紧。到目前为止，一切都很好，这让我感到非常意外。现在要找静脉了。我用便携式的推子刮了一点猫毛，再一次惊讶地发现事情能够顺利进行，没有出现任何问题，紧接着用了一点酒精来使静脉看起来更明显。然后我仔细地看着它的前腿。静脉在哪里？女士在我身边默默地抽泣着。

深呼吸，再看一次。

那里，一条淡淡的偏紫色的线。

我没有办法注射到那里。我准备了"有时候找不到静脉，我们必须让它失去意识，然后再进行体内（意思是心脏）注射"这样的说辞，但不知道怎么才能对她说出口。

我拿起注射器，又深深吸了一口气。我记得兽医学院一位导师的口头禅是"看到血管，成为血管"。这实际上没有任何意义。"成为血管"？真的？但我想这样做是为了让你集中注意力，有点像卢克·天行者[1]。

针扎进了血管。

雷金纳德病得很厉害，只用了通常一半的剂量就走了。我竭力阻止自己露出如释重负的表情，更不能大声喊出"耶"。运气在我们的生活中真是一股强大的力量。

虽然我们彼此不认识，但那位女士拥抱了我。我问她，在我带走它的身体之前，是否需要给她留点时间。她说不，所以我用毛巾包裹好雷金纳德就离开了。我感觉到了另一种矛盾的情绪，而这种情绪应该用一个词来形容。

---

[1] 卢克·天行者，《星球大战》系列电影中银河系有史以来最英勇伟大的英雄。——编者注

第三部分

THE PART THREE

兽医们

那封信

那些戏剧性事件——被心理学家称为"闪光灯记忆"——被我们的大脑以非常详细的方式记录在案，就像被老式照相机的闪光灯捕捉到的那样。2001年9月11日，第一架飞机撞上纽约世贸中心，这可能是新闻事件里最常见的现代闪光灯记忆了。大多数30岁以上的人都能清楚地回忆起他们乍一得知这件事时周围的情景。在我们的生活中，求婚、孩子的出生和一位家庭成员去世的消息会创造闪光灯记忆。对于兽医来说，这种记忆就是拿到那封信。是的，那封信——兽医学院的录取通知书。我的这封信是萨斯卡通的西部兽医学院寄的。不过，现在可能就是一条短信的事。

1986年5月的一天，我正站在萨斯喀彻温大学生物学大楼2楼的布鲁斯·墨菲博士的内分泌实验室里。我坐在工作台中间的高脚椅上，用吸液管将水貂的血清移到小瓶里。这时，靠近外墙挨着冷藏库的电话响了。

"菲利普，是你妈妈打来的！"

我妈从不在我上班的时候给我打电话，除非是我祖父母中的一个去世了，或是来信了。

我放下吸液管，小跑到电话旁。布鲁斯过去常叫我"飞人菲尔"，因为我好像从来都不走路而是跑步。

"喂，妈？"我让声音平静下来。

"你有一封兽医学院寄来的信！"

这就是那封信了！或者，更精确地说，是那一封信。

"信厚还是薄？"

"薄。这是好还是坏呀？"

完了完了完了，我想，该死的，是薄的。

"呃，我也不知道。你拆开看看吧。"

撕信封的声音从她那头传来，充满恐慌的呼吸声从我这头传去。漫长的停顿过后……

"你被录取了！"

我收到了！这就是那封信了！真的很难描述那种感觉，就像中彩票一样（虽然我从来都没有买过）！又好像获得了奥斯卡奖（当然也没有得过这个）！也像听见求婚被答应了一样（这个我经历过）！

兴高采烈。千真万确。魔法般的。就在一瞬间，你先前黑暗的未来突然变得水晶般闪耀。这水晶的主人是一个3年前才决定成为兽医的人。想象一下，对于那些在还不知道"兽医"这个词的时候就想成为兽医的人来说，这该是一种什么样的感觉。

抛开那些虚头巴脑的谦虚，我承认任何对自己的怀疑都只是出于自己神经质的焦虑，而不是出于对可能性的理性分析。正如布鲁斯在我面试前所说的，我可以光着屁股走进去，向考官扔冰激凌，就算这样我还是会被录取的。他真的是这么说的——光着屁股，扔冰激凌。部分原因是我来自萨斯喀彻温省，该省的兽医学院的人均席位比其他省份的学院的人均席位都要多。而且，录取主要是看分数，我的分数很高。那时我不会承认，但现在我很高兴地承认自己很擅长读书。我游泳时可能像一只得了癫痫的蜘蛛，唱歌时像一只被烫伤的狒狒，我的社交生活可能只限于周五晚上的《龙与地下城》系列，但天哪，我可以不费吹灰之力就干掉一篇论文、摆平一场考试。

我的第三张王牌是，我在面试中告诉他们，我打算从事研究和教学，而不是临床。20世纪80年代中期，有一项强大的运动旨在让更多的人在兽医学院同时获得兽医学博士学位（Doctor of Veterinary Medicine，DVM）和临床医学博士学位，而不仅仅是获得后者，因此他们非常喜欢像我这样的候选人。在另一个故事中，这么说没有用，但在这次面试中，这就是我的策略。面试结束的时候，一位教授说："秋天见！"因此我这次面试可谓"探囊取物"，但我真的是很紧张地等着这封信。

因学校和年份的不同，录取数据的变化很大，但有一个被人们普遍接受的数据是12%，即只有12%的申请人可以被录取。我有一位同事在进入学校之前申请了7次。如果你的分数处于一个灰色地带，那么一切都将取决于你在哪一年，与谁竞争。这么说，他一直在掷骰子，直到有一年他有了好运气，或者只是因为面试委员会厌倦了跟他谈话。顺便说一句，他成了一名优秀的兽医。

这就引出了我的最后一个观点。进入兽医学院可能需要高分，但这些分数无法被用来预测你将成为什么样的兽医。我本科班的前三名学生里，有两名没有成为兽医。雇一名新兽医的时候，我从不看他们的成绩。那为什么需要高分才能进入兽医学院呢？一部分原因是学术课程非常严苛，他们想确保你能应对；另一部分原因是他们需要一个半客观的入学基础，以避免自己被指有主观偏见。面试主要是为了评估你的情绪稳定性和理智程度（很明显，面试楼下的那个酒吧是供你光着屁股扔冰激凌的）。

我真希望我一直保留着那封信。也许被兽医学院录取是一个命中注定的结果，但收到那封信这件事是我生命中一个重要的里程碑，也是我野性之旅的发令枪。除此之外，我再也没有遇到这种板上钉钉的事了。其他事都远非如此。

我在岔路口坐了一小时

1989年1月13日周五下午2：00。

我答应过他，下午3：00之前打电话告诉他我的决定。我只剩下1小时了。和1个月前第一次遇到这个问题时相比，我觉得自己更难下决心了。我的大脑开始发出无用的呜呜声，就像我那辆生锈的本田思域卡在雪堆里旋转着车轮一样，它只是在打磨雪，将轮胎下面的冰抛得更光而已。发出巨大的噪声，产生十足的振动，散发微弱的烧油气味，但车子并没有向前挪动一步。

为了摆脱一切可能的干扰，我来到了兽医学院图书馆的阁楼。这里有一些晦涩难懂、从来没有人读过的杂志和一些斯巴达式的自习室。这里没有其他人。我挑了一间自习室，然后盯着光秃秃的木头隔板，希望能清醒一下，作出决定。

不，没有作出决定。只是出现了更多的呜呜声和车轮打滑的声音，并且——为了延伸本田的比喻——现在还不时地冒着黑烟。

啊！现在是下午2：20！只剩下40分钟了！

这个决定在某种程度上关乎我在兽医学校三年级到四年级之间

4个月的暑期工作。但在另一个层面上，这关系到我的整个职业生涯和未来。这就是关键所在。决定暑期去哪工作？容易。以前做过很多次。若是关乎整个职业生涯和未来的决定呢？没那么容易。即使是进入兽医学院的决定也没有那么难下，因为它提供了一堆广泛的职业选择，包括我最初打算的从事研究和教学的计划。但做这个决定真的有点背水一战的意思，可把我给吓坏了。

下午2:40了。

我的选择有两个：一个是兽医传染病组织（Veterinary Infectious Disease Organisation,VIDO），我将在那里协助进行尖端研究，并可以接触到科学家及研究生项目；另一个是兽医学院的小动物诊所，我将在兽医诊所里获得临床经验，并结识我大四的导师。那时我还没有在诊所工作过，面对大四还没有完全准备好，而且那一年的学业尤其注重临床方向。我的绝大多数同学都在兽医诊所工作过，他们通常都会实习好几年。但对于一个专注于研究事业的人来说，加入兽医传染病组织是一个千载难逢的好机会。我心乱如麻，思想来回变化，就像一辆车，不断前进后退，前进后退，前进后退。

下午2:55了。

我继续盯着隔板。我的心率很高，手心里都是汗。人们，特别是当时我那个年纪的人，有时会过于重视自己需要作出的决定，并因此产生巨大的压力。但多年后当我回顾这一刻时，它的答案变得明确了。这是一个绝对关键的决定——自然而然地成了我这一生中作出的三四个具有极其深远的影响的决定之一。这种压力对自己的选择毫无帮助，但可以理解。我需要几分钟的时间才能走到电话前（当时还属于手机普及以前）。当我一步一步地走过去时，仍然不知道我要说什么。

下午3：00了。

我打电话给兽医传染病组织的负责人，拒绝了他们的录取机会。你已经猜到了这个结果，但我那时并没有想到。我想不起我有意识地作出了什么决定，就好像我的潜意识指挥着我的嘴。

在兽医学院的小动物诊所，我度过了一个美妙的夏天。念完大学四年级后，我跟随我未来的妻子来到了温尼伯，开始在一家私人诊所工作。"暂时地。"我说……

万物既伟大又渺小

不，不是全部，但也很多。我指的当然是吉米·哈利那部伟大的兽医文学作品。你们有些年轻人可能不知道，哈利无疑是20世纪最著名、最受人喜爱的兽医。顺便说一下，一个小细节是"万物既伟大又渺小"是他前两本书和第三本书的一部分的汇编标题。他原著的书名是《如果它们能说话》《让熟睡的兽医躺下吧》和奇怪的《是，兽医可能会飞》。然而，根据他的故事改编的英国广播公司（BBC）热播连续剧也用了"万物既伟大又渺小"的名字，这让我们记住了他的这些书。

哈利是一个时代的象征。在这样的时代，所有兽医都真的会去给"所有的动物"，或者试图去给"所有的动物"做治疗。然而这样的时代正在慢慢结束。我只有少数同事仍然在以哈利的方式做临床实践。我们中的绝大多数人已经大大缩小了我们接诊动物的范围。这对大多数人来说都有点不可思议。我经常被问看不看农场动物，即使我的诊所坐落在一个拥有75万人的城市的中心。我不确定他们对我的候诊室的印象是什么样的（充斥着狗、猫、奶牛、沙鼠、驴、火鸡……），但我确实知道，在公众的想象中，关于兽医工作的旧观念是非常顽固的。

临床实践向物种专业化发展的一个重要原因是，要想获得应对多个物种的临床综合能力，需要大量的知识储备。随着研究的发展，可获得知识的总量正在激增，因此，与吉米·哈利1939年毕业时相比，现在实现这一目标是相当具有挑战性的。也就是说，我们中很少有人只接诊1个物种,我们中的许多人仍然会接诊很多动物,但并不是"全部"。我定期给9种动物做治疗,但少说也见过另外20种。事实是,除非是在紧急情况下,你只要在兽医学和外科学上有扎实的基础理论知识,就可以根据需要来进行检查并处理具体的问题。因此,从这个角度来看,让我搞定一头牛或一只鸡并不是什么大事。将近30种动物里只有一两种动物的问题比较棘手。但我没有让自己去应对那么多种动物,这么做另一个重要的原因是,物种的特殊化已经显现:人们对于人为划分的伴侣型动物和食用—生产型动物的态度有所差异。这两个群体对应的兽医行医方法和思维方式截然不同,而且随着农场本身变得更大、更复杂和更专业以后,这一点也变得越来越明显。

在兽医学院的最后一年,我最喜欢的课是他们所谓的"田野服务"。这意味着和一个实习生或农民以及一些同学一起坐上学校的旅行车(仿木镶板、盒式磁带卡座、奇怪的味道),在萨斯喀彻温乡间的碎石路上经历一路轰鸣,响应农场的召唤。虽然总的来说,过程中肯定会有一些压力过大的时刻,但远没有在小动物诊所里那么紧张。农民们大多很热情、友好、充满感激,整个节奏也相当和缓。在天气好的时候,比如在春日的柔和阳光下,站在农场里,看着动物们四处游荡,感受风从脸颊上拂过,绝对是一种美妙的享受。而相形之下,在学校的教学医院里,刺眼的荧光灯、刺耳的对讲机和时时刻刻都支配我们的恐慌感占据了生活，两者实在差太多了。在那种时刻，我会允许自己做一个短暂的哈利式的遐想，但那之后，农场动物临床实践中不那么田园风情的一面往往会侵入。农场就是生意。此外，这些生意的利润率往往很低，有时甚至会亏损。因此，对于我们正在检查的那头奶牛，尽管农民可能在情感上和它很亲密，但它的价值最终会被压榨殆尽。人们会开玩笑说他们的狗在经济上的价值有多低，因此很少有人会为它们作出什么决定。但如果农民们不在这个价值的基础上斟酌，那么他们的农民生涯就不会长久。

现在仍然有一些休闲农场和小型的家庭多样化农场在模糊这些界限，但许多动物农场正在规模化发展。现在大部分兽医接触的都是牛群或羊群，而并非单个动物。除非是有价值的牲畜，否则农民通常会自己来处理动物的小病和小伤。不幸遭受更严重疾病折磨的农场动物经常被送往屠宰场而不是兽医院，因为仅仅为一只动物请兽医是划不来的。在大型企业农场中，兽医更多被视为做预防性健康工作和应对多只动物疾病暴发的资源型角色。我的一些同事在这一个不断发展的领域中茁壮成长，但对我来说，成为一名农业顾问与我的技能、知识、兴趣和生活的距离，几乎就和成为一名正畸医生或长途卡车司机的距离一样遥远。当人们问我是否给农场动物看病时，我经常开玩笑说，比起猪和牛，我更适合给人类的孩子看病。我只是开一个小玩笑啊。

我敢这么说，是因为我们的职业是最多元化的。我的本科班同学就总结出了一个惊人的就业范围。我的一位同学专门给鱼看病，他坐水上飞机去不列颠哥伦比亚省那些偏远的鲑鱼养殖场。这里的口号不是牛群健康或羊群健康，而是鱼群健康。一位同学是东海岸的龙虾病理学家，和湿漉漉的患者们保持着联系。是的，你没看错，不，这并不是我故意写的搞笑海鲜段子。一位同学是加州的兽神经学家。一位同学做了很多关于鹰和猫头鹰的康复工作。一位同学在政府生物安全监管部门工作。两位同学在大学任教。至少有一位同学监督肉类检验。一位同学专门研究赛马。然而，我们中的大多数人要么成了宠物兽医，要么成了农场动物兽医。最后，还有一些人追随吉米·哈利的脚步，声称以同样的技能和热情服务所有生灵，无论大小。虽然如此，我还是怀疑他们没有服务过龙虾或鲑鱼，至少不是以专业人士的身份。

实验的兽医

是的，温柔的读者们，我在你们的宠物身上做过实验。你们中的一些人眯起了眼睛，一边点头一边想：我就知道！虽然其他人已经在准备收集一桶桶的焦油和一袋袋的羽毛①了，但希望你们之中的大多数只是叹了口气或轻轻地"哎"了一声就意识到我是故意用一个有挑逗性且有误导性的标题做诱饵。这是一个蹩脚的作家的伎俩，但我想每本书都可以给我一两个这样做的机会吧。

事实上，这个标题确实合理。我和我的朋友艾尔坐在一起，为我的下一本故事集想一个和《意外而成的兽医》（*The Accidental Veterinarian*）押韵的标题。西方的（occidental）、大陆的（continental）、感伤的（sentimental）、加量的（incremental）、偶然的（incidental）、排泄的（excremental）和先验的（transcendental）都被我们排除了，最后我们想到了：实验的（experimental）。我翻来覆去地思索这个问题，觉得拿这个词做标题还算合适。我不会为了研究而严格地遵循步骤进行实验，也不会肆意地实施而产生有害影响的、未经验证的治疗方案，但我和所有兽医一样，经常会冒比人类医生更多的风险去尝试更多的东西。我们会做一些小实验。

上一年，仅制药公司就在全球范围内花费了1600亿美元用于人类健康研究。如果将政府、大学和其他非制药组织的私人支出计算在内，医学研究总支出将超过1万亿美元。相比之下，兽医研究的预

---

① 涂柏油、粘羽毛是古代欧洲的私刑处罚方式。——译者注

算只是这片金钱海洋中的小小一粟，但这一粟对动物和农业也有着举足轻重的影响。而宠物医学方面的预算是这一粟中的一粟。我们更加重视人类的健康和生命是完全正确的，我不对此进行评论。我只是想指出，我们对动物疾病的认识在某些方面参差不齐。在人类医学中，循证医学（Evidenced-Based Medicine,EBM）是很重要的。这种方法依赖于持续更新的最强有力的研究数据，而不是依靠直觉、经验、过时的培训或低水平的研究。有时我们可以将循证医学应用于兽医临床，但更多的时候，我们依赖的是1984年在美国堪萨斯州对6只比格犬进行的研究，或者根本就没有什么研究可以参照。在这些情况下，我们通常从人的角度进行推断。幸运的是，人类和我的患者们在医学上的相似性远远大于他们之间的不同，所以针对人类的方法通常是可行的。但我们也经常囿于不断的尝试——"温和的实验"，如果你愿意这么叫的话。

推动我们进行实验的另一种力量是，我谨慎地将其称为"兽医学的资助模式"。在大多数富裕国家，人们的医疗费用由政府或保险公司支付，尽管我的一小部分患者确实有"私人"保险，但绝大多数是没有的，都是客户自己掏钱。这意味着我们可以进行的检测往往存在局限性，反馈给我们的是一个试探性的诊断，而不是一个确定的诊断，这种情况比人类面临的常见多了。初步诊断意味着初步的治疗。

一个常见的对话是这样开始的："史密斯太太，我想巴迪得了'x'病，所以我们要试试'y'药。如果我错了也不会对它造成伤害，但我们就得做更多的检查，或者改用'z'药。"这本质上就是一个小型实验。像这样单一的小型实验并不能提供普遍适用的信息，因为巴迪的病情好转可能只是巧合。然而，如果多年来我在多个患者身上试用了治疗疾病"x"的药物"y"，而它们经过治疗后的情况比它们自愈得更好，那么这说明我做了一个非常不错的实验。这不是一个可以公开的实验，因为我没有控制变量，没有严格遵守协议，也没有想到我正在进行一个实验。我只是尽我最大的努力去帮助我的患者，正是通过这种方式，宠物医学才能够逐渐发展起来。有时，真正的科学最终会支持我们做这些事；有时则不会。

当然啦，这些实验会让步于更多的循证医学实验。但与此同时，请记住，我们这么做不仅是在帮助巴迪，也是为了学习更多的知识，去帮助未来的巴迪们。

钱不是问题

当罗杰斯先生向我介绍他的狗弗罗多时，他非常友好，甚至很迷人。弗罗多是一只短小又略显胖的中年拉布拉多串儿，而罗杰斯先生也是一个身材矮小又略显胖的中年男人。他笑容灿烂，握手握得坚定，穿着无可挑剔的商务装，刚刚下班。他告诉我，他带弗罗多去看了好几个兽医，对于他们对待患者的态度和提出的建议都不满意。他听说我这不错就过来了，而且他非常开心，觉得终于为自己最好的朋友找到了合适的医生。有时，从一个诊所跳到另一个诊所，客户最终会变得难对付而且事多，但罗杰斯先生是一个真正的好人，这让我不由得猜想，在我们当地这个颇负盛名的兽医社区里，他也许偶然地遇到了两个坏苹果。他没有说他以前去过哪些诊所，我问起来也会很尴尬。寒暄过后，我问他弗罗多到底怎么了。

"它的左后腿瘸了好几周了。那些兽医告诉我，它的膝盖需要手术，但我需要听点别的意见。"

我弯下腰，给了小狗几块小香肝，轻轻地拍了它几下。我让弗罗多站成一个四方形，慢慢地操纵它左后腿的每个关节。膝盖，被我们称为狗的"后腿膝关节"，肿胀且明显松弛，这证实了小狗有前交叉韧带撕裂，在人类中这种情况被称为"前交叉韧带损伤"。韧带会阻止胫骨（小腿骨中较粗的那根）向前滑动，因此当它撕裂时，腿不能稳定地正常活动。我仔细检查了弗罗多的其余部位，然后向罗杰斯先生解释了这个问题。我告诉他肯定得做手术。

"好吧，他们也是这么说的，但我相信的是你，所以我想让你来做这个手术。"

"哦不，你真是说笑了！"我笑了，"我没有做过这类手术，也没有接受过相关的训练。但我的一个合作伙伴可以做一种老式手术，包括重建一个新的人工韧带，或者我们可以找一位专家来做个更先进的手术，为它重建胫骨的顶部。专家所做的手术叫胫骨平台水平矫形术（Tibial Plateau Leveling Osteotomy, TPLO），成功率更高，恢复时间更短，但花费也更高。"（顺便说一句，这是几年前的事了，我们不再做老式手术了，因为"TPLO"已经自证了其优越性。）

罗杰斯先生对我微笑着，拍了拍弗罗多的头："肖特医生，钱不是问题。我只想给这个小家伙最好的一切。请帮我预约专家吧。"

在约定的那天，罗杰斯先生在送弗罗多去做手术时特意等了等，这样他就可以在预约的间隙抓住我，并感谢我为他安排的一切。他提到，他已经同意进行选择性的术前麻醉血检，因为——还是那句话——钱不是问题。

手术进行得非常顺利。到了接弗罗多的时候，罗杰斯先生要求在前台签文件之前先和我私下聊聊。他不再是平常那个热情洋溢的人了。他看上去很苦恼，也不敢看我的眼睛。

"我太尴尬了，肖特医生。"他结结巴巴地说。

"没关系,怎么了?"

"我从来没干过这种事。我一向很骄傲,所以相信我,这对我来说真的难以启齿,我今天没法给你付账了。"

"哦?"

"我前任没能把赡养费的支票存入银行,她今天突然破产了。这周五之前我都没钱,但到时候我肯定能全额付给你,百分之百付给你。如果你需要的话,我还可以付你利息。我很抱歉。"

我能怎么办?那是周一,我不能把弗罗多留到周五。此外,他显然真的很难过。可怜的家伙。我只能想象一个人向别人乞求被信任是多么丢脸的事。我告诉他可以,但他必须填写一份信贷申请表。我问他有没有什么可以记在账上的东西,但显然,他一无所有。不过,我并不担心。

我自责我的教养让我太过天真。我有一个美好的童年。我的家庭很稳定,我的邻里很和睦,我遇到的每个人都值得信赖。当然,信任别人是一件好事,因为没有信任的生活是充满悲伤和压力的。但我们这些天真的、相信别人的人必须时刻准备着被教育。

罗杰斯先生证明我错了。周五那天他没来,手术当天我们用来联系他的电话号码也打不通了。他的其他号码都不在服务区。他在信贷申请表上所列的工作单位的人从未听说过他。信件被退回了,并被标注着"地址错误"。与此同时，我们不得不自掏腰包支付专科医生的费用，再加上我们的麻醉、拍X光片、药物、医院护理等费用。这是一大笔钱，这种矫形术是我们医院里日常实施的颇为昂贵的手术之一。我不知道弗罗多的骨钉将会在哪儿取出来，也不知道罗杰斯到底给兽医讲了什么故事。我想他跟他们说的和跟我说的差不多。我想象着我的某位同行会为碰到一位这么好的新客户而感到幸福和受宠若惊。

正是因为像罗杰斯先生这样的人的出现，我们的政策发生了改变，我们不再提供信贷服务了。相反，我们将人们引向商业的兽医信贷。我经常想起我的机修工那里的牌子，上面写着："我的银行不换油，所以我们不兑支票或提供信贷。"这就点明了问题所在。每个企业都有一套专门的技能供其使用。兽医非常擅长为宠物预防、诊断并治疗疾病，但在评估人的信用价值方面相当糟糕。问题是，有些人确实非常贫穷，任何来源的信贷他都申请不到。因此，与政策要求相反的是，我们有时仍然会那样做，即使我们无法知道谁是真正需要帮助的人，谁又是下一个罗杰斯先生。上一年，我们有大约1.2万美元的未付款项，其中有8000美元逾期超过了90天，都不太可能收回了。

"钱不是问题。"事实证明，这句话可能是真的，因为它有着双重含义。

就要来临

有很多比喻被用来描述兽医诊所，比如忙碌的时候，兽医诊所总被形容成战场。我相信在人类医学领域工作的人也有这样的认识。不过，我想非常小心地指出，这个比喻确实有局限性，其中最主要的一点是，不应认为患者和客户是敌人。他们不是敌人，而更像陷入交火状态的平民，敌人只是"环境"（好吧，大多数时候他们不是敌人……）。更重要的是，这个比喻给人的感觉是，在一个混乱、嘈杂、充满困惑和难闻的气味，以及偶尔发生不愉快的环境中，你仍试图以高水平发挥作用。

如果兽医诊所可以被比作战场，那么站在前线的是前台接待员。当客户纷纷拥进房门，所有的电话都在丁零作响，医生们站在那里，等待他们的到来。顺便说一句，常见的情况还有狗狗们争相在迎宾的小垫子上撒尿，快递员挥舞着文件等你签名，计算机系统恶意地产生错误。那么，在那些时候，作为一名前台接待员，感觉就像士兵们在炮火中前进，听到迫击炮弹正向他们呼啸而来……"来了！"

公平地说，对于医生和兽医技师来说，这段时间可能同样紧张和忙碌，但也有明显的区别。医生和技术人员可以撤退到更安静的地方，通过与患者和客户一对一的交流开展工作。更重要的是，医生会从一件关键的事情中受益匪浅：客户的尊重。这让一切都变得不同。我知道，绝大多数客户都是正派、敏感的人，他们确实尊重前台接待员，但遗憾的是，有时这并没有表现出来。当尊重没有表现出来的时候，真的会伤害接待员，他们只是尽力做好自己的工作，而且往往没有权力为客户带来什么改变。社会正朝着正确的方向发展，但一些老旧的习俗依然存在，其中一个是你会自动地——可能是无意识地——将更多尊重给予穿着实验服、名字后面有头衔和一系列首字母缩写的人，而不是那些坐在前台后面、你可以直接叫名字的人。

具体来说，这是如何表现出来的？典型的情况是，接待员警告医生说客户对某件事真的很生气，因为他们刚刚冲他吼了一通，然后和医生一起待在检查室的时候，客户对医生却既温柔又有礼貌。也会出现这样的情况：医生在检查室里说了一些让客户感到不安的话，比如建议做一个昂贵的手术，客户微笑着点头，然后离开房间。一旦走到医生听不见的地方，他们就开始向前台抱怨医生推荐的都是什么骗钱的玩意儿。

我并不是建议客户在医生面前表现出恐慌，而是想建议客户不要在前台接待员面前表现出恐慌。就像在生活中的所有其他场景一样，当你生气时，最好的方法是深呼吸，冷静下来，然后礼貌、得体地表达你的担忧。但我并不是要教育你们——如果你们正在读这篇文章，我想你们不是那种会吵吵嚷嚷的人，也不是那种会歇斯底里的人。我见过前台接待员因为遇到这种事而哭泣的情形，我也受到过一些辞职的威胁。多年来，当客户的行为真的失去控制时，我不得不和他们解约。是的，我可以这样做。

除了出于基本的礼仪，接待员为什么值得尊重？他们的所作所为理应得到尊重。正如上文所述，当有如此多的"就要来临"通通来袭时，他们不仅需要管理战场，还要满足医生的需求（"你能打印这个吗？""你能开这个处方吗？""你能叫这个和那个吗？""2号房间里是什么怪味？"等），并掌握一系列非凡的技能。一些接待员接受过该领域的大学培训，但许多人没有。那些培训往往也是针对普通医疗方面的，而不是针对兽医环境进行的。这里有复杂（且反复无常）的计算机系统、大量的术语、烦琐的临床步骤、难以控制的动物，当然还有基本的兽医知识。想象一下，接待员必须对所有来电进行分类，这是多么令人抓狂啊。此人的担忧是否严重到需要将他排到前面？还是以后再约？要不要让医生回电？还是作为接待员的我能给他提供建议？想象一下，把不紧急的事情当成紧急的事情处理，结果遭到医生抱怨的压力，和反过来把本来很紧急的事不当回事，结果让病患受苦的压力。前台接待完全是一种需要高度平衡的工作。

战场上空的高压线？很抱歉我混用了一些比喻。不管这是什么，在我的诊所里，我们非常幸运地有一群做得很棒的接待员，他们让工作看上去很轻松，这并不容易。请尊重他们。

谢谢你，谢里尔、塔拉、安珀、卡姆、凯拉、丽莎！我们在军官帐篷和后方向处在前线的你们致敬！

吃掉那只蛙

你怎么吃青蛙？我知道这听起来很诡异，但事实上，这是一个哲学问题。为了便于讨论，让我们假设这只青蛙度过了一段奇妙的、充实的"蛙生"，在爱的包围下平静地死去。另外，假设你别无选择，你必须吃下那只蛙。最后，让我们假设你不是一个经常吃青蛙的人，一想到吃青蛙，你就会充满害怕与恐惧。那你该怎么做？读这个故事时你想一想吧。

我提前几分钟到了诊所，披上白大褂，坐在办公桌前，唤醒了电脑。我打开的第一个程序总是我们的办公室管理软件，它的一系列选项卡上显示日程安排、消息、医疗记录、处方等。我从我的日程安排开始。它看起来像是一摊独角兽的呕吐物。绿色编码表示已在等待的患者,橙色表示将要等待的患者,紫色表示住院的患者,蓝色表示超声波,红色表示安乐死,黄色表示加塞儿的……

叹气。

然后我点击了消息键,出现了八九条消息。我飞快地浏览了一下,在看到最后一条消息之前,我松了一口气,因为似乎没有什么急事。

"请尽快给朱迪·芬克尔曼打电话——超级生气。她说她被别人的一句话给误导了,结果她的狗因此被杀了。非客户。"

叹气。

当我手上有一堆其他事的时候,还要给非客户的人回紧急电话。这个抱怨很奇怪。一句带有误导性的话怎么会杀死一条狗?

叹气。

我把椅子往后推,迅速走向前台。

"早上好!谁接了芬克尔曼女士的电话?"

"哦,天哪,她。是的,是我接的。"一位接待员低声回答道。

"你知道这是怎么回事吗?真的有那么紧急吗?"

"嗯,她说她打电话来是想知道我们治疗子宫蓄脓(子宫受到感染)收多少钱,有人告诉她要3000美元,她负担不起,所以她把她的狗交给了人道协会,协会的人对它实施了安乐死。"

"这绝对不可能。谁也不会这么瞎说。在某些情况下治疗费可能会涨到1000美元,但肯定到不了3000美元。"

"对啊,是这个理。当然,她真不知道是听谁说的,但关键是她在她的狗去世以后打电话过来,再次询问我们并得到了真实的报价。她说她负担得起的,因此她的狗死了是我们的错。她一直冲我嚷嚷!"

"她肯定有点心理问题。我为她感到难过,但我真的不想给她打电话。有什么意义啊?她会说她得到的报价是3000美元,而我会说这是不可能的。"

"请给她打个电话吧,菲利普。她已经打了好几次电话了,而且越来越生气了!她想和负责人进行一次长时间的谈话。她说她要在社交媒体上告诉大家我们是多么可怕的人。"

叹气。

"好的,我会尽快给她打电话。"

这是一个繁忙的上午,但有时客户会迟到,或者我会比预期更早完成预约事务,打几个电话还是可以的。我先处理了一些简单的问题。"是的,小狗吃粪便是正常的",或者"不,你不必因为它打了一次喷嚏就带它过来"。然而,每次打开信息标签,我都会很担心地看着这只"青蛙"。在别人失去理智时，我经常能保持冷静，我为此感到自豪。但我仍然不喜欢被人嚷嚷，也不喜欢围绕着非理性的障碍进行费力的对话。

到了午餐时间，我忙得不可开交。这很不寻常。通常我有很多文件要写，或者要做案例研究，或者要打电话。但这次文件是最新的，也没有紧急的研究，只有一条电话留言。我盯着屏幕上的号码，下定决心拿起电话。不过我想起有人带了饼干，所以去员工室看了看。回到办公桌时，我注意到有一些垃圾邮件还没有查看，所以处理了一下。然后我刷新了我的邮件列表，看看是否有新的消息出现。

没有新消息。

只有那只"青蛙"。

就在那一刻，我想起了应对这种情况的智慧——吃青蛙。

你应该这么做：立即吃，尽量别嚼它，把这该死的事做完。最终你将不得不把它给吃了，那么为什么要在几小时或几天之内在脑海中慢慢品味呢？为什么要把你的体验延后呢？期待是一把"双刃剑"——期待假期和生活中的其他美好事物很好，但等着吃青蛙真的很糟糕。

我拨了电话，电话响了。嘟嘟声之间的间隔是那么漫长。我专注于让呼吸变得缓慢而均匀。最终它转到了语音信箱。我留下了一条录音，我希望这条录音听起来既积极又严肃。

她再也没来过电话。

兽医们都变坏了

最近，我在脸书（Facebook）上与我的一些同行进行了一次简短的对话，讨论了一下国家地理野生频道上收视率最高的节目。我没看过，但确实听说过很多关于它的东西。我可能把名字弄错了，好像是《不可思议的波尔博士》。

ECW出版社的律师说："你不能这么说！你知道名字不是这个！我们会被起诉的！"

我："哎呀，面对现实吧。几乎没有人会读到这篇文章的。"

人们似乎喜欢这个家伙，尽管他显然是个江湖郎中。

律师们："我的老天爷！"

你很难找到一个有不同观点的兽医。但我不打算谈论这个节目或他的临床细节。我之所以提到他，是因为他的故事很好地说明了专业纪律程序的弱点。

我曾是马尼托巴兽医协会（MVMA）同行评审委员会（PRC）的主席。在2011年担任主席之前，我作为审查投诉的委员会成员在同行评审委员会工作了大约10年。兽医与大多数其他职业一样，享有自治和自我管理的权利。之所以允许专业人士这样做，是因为政府认识到，只有真正从事这项工作的人才能决定什么是合适的，什么是不合适的，哪些错误是可以避免的，哪些错误是无法避免的。同行评审委员会还任命了非专业人士，以确保委员会能够考虑到公众利益，不让委员会演变成一个"老男孩和老女孩俱乐部"。

这是一份有趣的工作，但同样也是一份压力很大的工作。对同行进行评判有时会让人觉得责任重大。然而，更微妙的压力来自这样一种认识，即最严重的违规者正在逍遥法外，而我们只看到了一个扭曲的样本。这是因为这个过程必然是由投诉驱动的。诊所会接受设备、记录保存、卫生等方面的检查，但没有人会冲进诊所，在你背后盯着你，看你如何处理一个病例。我们没办法这么做，这么做也没有什么意义——在观察之下，人当然会表现出最好的一面。相关立法规定，同行评审委员会调查投诉的前提是必须收到一份书面投诉。事实就是这样的。所以我们只能坐等信件的到来，否则便束手无策。

想一想你的家庭医生。他们"好"吗？你如果觉得好的话，是怎么评估的呢？你对医学有足够的了解来判断什么是正确的医学实践吗？说真的，更可能的是，当你说你的医生很好时，你是在说他们为人很好，听你的话，似乎很关心你的状况，且不会让你等太久，诸如此类。你不知道他是否给你做了正确的检查，即使是，也不知道你的检查结果有没有被正确解读。你的医生很可能不称职，但你也很难判断。因此，即使你的健康状况不佳，你也可能不会向哥伦比亚大学内外科学院投诉你的医生。然而，如果你遇到了一位态度粗鲁、恶劣的医生，那你抱怨的可能性会更高，即使他做的一切都对。而结果糟糕是因为你运气不好。

兽医领域也是如此。在我看到的投诉中，绝大多数是由于与兽医沟通不畅，而不是技术或知识的问题。我的同事中，那些与人相处有点尴尬，或者可能脾气暴躁，但客观上相当能干的人，会比那些更有魅力、更有吸引力，但客观上没那么能干的人招来更多的抱怨。

不过，好消息是，如果时间足够久，这些迷惑人的江湖郎中最终会犯下一些严重的错误，或者会经常犯一些小错，从而露出狐狸尾巴，职业纪律可以对此发挥作用。正如丘吉尔所说，民主制度是除其他制度以外最糟糕的制度。

波尔博士最终受到了密歇根兽医委员会的制裁。

傻瓜都能做的外科手术

想出这个标题之际，我觉得它既可爱又荒谬。"为了傻瓜"系列丛书涉及的范围可能会令人惊叹，从《为了傻瓜的ASVAB》（ASVAB，"军队职业倾向测验"——是的，我也不知道）到《为了傻瓜的企业操作系统ZOHO》（ZOHO显然是一套云计算应用程序），但肯定不会有针对傻瓜的手术方面的书。哈哈，对吧？好的，是这样……其实有《给傻瓜减肥的手术》，也有《给傻瓜整容的手术》。人们希望这些是写给病人的，而不是写给医生的。

我决定说一下"傻瓜都能做的外科手术"，尽管现在它看起来不那么可爱和荒谬了。我想强调手术并没有什么神秘之处。很多手术比你想象的要简单得多。对于许多门外汉来说，手术似乎是兽医（或医生）的专业技能和知识巅峰的显现，但我在这里告诉你们，我可以轻松地教你们之中的任何人关于我们做的大多数手术的基础知识，而且可以用一张小小的索引卡来教。

基本上，大多数手术可以归结为两个过程——要么你正在移除什么，要么你正在修复什么。后者可能要复杂得多，但在一般情况下，它在外科手术中所占的比例不到10%。大多数情况下，你是在移除某些东西，这个过程通常也不是很复杂。举一些常见的例子，移除睾丸（阉割）、卵巢和子宫（绝育）、肿块、异物或者膀胱结石。以下是一些步骤：

（注：我们假设已经对患者进行了适当的麻醉。）

1.用手术刀在最佳的位置划一条直线，以便找到你想要移除的东西。要避免切到血管，但如果有必要的话，请用缝合线把它们缝起来，这样它们就不会流血。

2.找到你想要移除的东西。

3.确定这东西的血液供应通道，并将其绑起来。

4.把它移除。

5.缝合你切开的一处或多处伤口。如果伤口深，你可能需要缝好几层。

就这样。剪切并粘贴这5个步骤，将它们放在一张索引卡上。

如果你必须切开一个器官才能找到"那个东西"，例如胃里的异物或膀胱里的石头，那第三步会略有不同：

3.切开装有该东西的器官，切开方式与第一步相同。

而缝针其实就是缝纫。线（缝合线）可能是特制的，我们通常用工具打结，但通常情况下，结本身就是个方形结而已。这并不难。

尽管如此，在深究这个问题之前，你还有2个非常重要的额外因素需要考虑。好吧，如果算上你需要行医执照的话是3个，你应该把这个也算进去。

第一个因素是，为了"找到东西"和"识别血液供应"，以及了解所有这些东西，你确实需要了解一下解剖学。外科基本上是应用解剖学（顺便说一句，医学基本上是应用生理学）。解剖学知识可能看起来很复杂，但实际上只需要大量的记忆就能掌握。拥有良好的视觉记忆力非常有帮助，但并不是必需的。老实说，比如，要做绝育手术的话，你不需要了解大脑、肘部或肺部的解剖结构，只需要知道腹部的就行。即便如此，你也不需要知道每条连接肝脏的血管的名称和位置，只需要知道卵巢和子宫附近有什么就行了。而且，一旦你开始这么做了，记忆就会变得越来越容易，因为解剖学是一门具体的学问，你可以通过拿在手里观察的方式学习（比如，不像学历史就必须凭空记住历史上所有首相的名字）。

这直接把我引到了第二个因素，那就是只有通过练习才能变得擅长这一切。呃，但这一点也适用于兽医！一个兽医学生不管把解剖学知识和我索引卡上的5点记得多么牢（也不管在听外科讲座时记下了多少笔记），都得花很长时间才能做完第一次绝育手术。他们会害怕，会不得不提出问题并寻求帮助，会丧失信心。至少有人希望他们丧失信心，因为他们这时还不应该有信心。我的一个同学在做第一次手术的时候晕倒了，"砰"的一声砸在了地板上，但他们后来都成了优秀的外科医生。通过练习，最终还是会成功的。

所以，学习解剖学，要把索引卡放在手边，不断地练习。但你旁边一定得有人监督着，以防手术翻车，或者防止你晕倒。然后你也就能成为一名外科医生了（但别忘了需要兽医执照的部分）。

兽医业巨头

这么说可能有些老套，但改变是不可避免的。无论是在生活的一些方面，还是在职场中都是如此。每一份工作和每一种职业都在发生变化，而且变化的速度正在加快。在兽医业，我们看到了巨大的技术变革，对许多疾病的理解也发生了巨大的变化。我们也看到这个行业在一代人的时间里从由男性主导转变成了由女性主导。这些变化对大多数的宠物主人来说是显而易见的，但我想谈谈幕后正在发生的一个同样重要的变化——企业在暗地里对兽医诊所进行收购。

由当地医院和几家卫星诊所组成的小医联体已经存在很长时间了，较大的医联体可能会模糊自己与企业医院的界限，但我说的不是它们。我所说的是在1986年，当美国连锁宠物医院巨头（现在的美国兽医医院，全称为Veterinary Centers of America，简称VCA① ）在加利福尼亚州成立后，就开始陆续收购北美各地的私人诊所和医联体了。目前，美国兽医医院在美国43个州和加拿大5个省拥有800多家动物医院，运营着大约1000家以班菲尔德（Banfield）这个品牌命名的动物医院。班菲尔德是在2017年的合并中被它们收购的。美国兽医医院是一家在纳斯达克证券交易所上市的公司（其股票代码是"WOOF"，可爱得过分）。其他的公司还包括拥有400多家诊所的国家兽医协会（National Veterinary Associates）和拥有近100家诊所的兽医战略协会（Vet Strategy）。

温尼伯永远走在任何潮流的最后。它是最后一个可以买到星巴克的地方，是最后一个进行微酿啤酒厂革命的地方，也是最后一个被兽医合股公司盯上的主要市场。不久以前，温尼伯的所有业务都归当地和私人所有。然而，就在4年前，一家大公司开始来我们这儿收购诊所，现在它拥有7家诊所，并希望能收购更多的诊所。

---

① VCA（Veterinary Centers of America）分为2个部门：动物医院（Animal Hospital）和实验室（Laboratory）。——译者注

改变可以是好的，可以是坏的，也可以仅仅是改变。从好的方面来说，公司为这个行业注入了雄厚的财力，使其更容易拥有最新的科技，并促使闪闪发光的、充满专业气息的诊所应运而生。但是，出于对一起共事的同事们的充分尊敬和爱戴，我得来争一句，总的来说，这一特别的变化对这个行业是不利的。

根本问题是，大公司完全是为了赚钱。当然，小型私人诊所也必须赚钱，但不同的是，如果我的诊所财政状况不佳，我们会告诉自己是运气不好，或者是天气不好，或者是经济不好，我们会希望明年有个好收成。我们只对自己负责，不对股东或投资者负责。相比之下，如果公司的收入下降，洛杉矶或多伦多或其他地方的管理层就会对他们雇用的兽医施加压力，要求其完成配额——或者是其他的什么。一些公司会去跟踪非常具体的指标。例如，在美国，人们会检查兽医所经手的呼吸系统疾病的数量和应该开出的 X 光检查的数量之间的关系。这些公司并不规定具体案例的管理——实际上这是违法的——但他们会对一些具体的测试和程序设定一般基准，而且肯定会给员工制订明确的财务目标。一方面，更多的检查可能是味"良药"，就像上面的例子一样，没有人会反对因为动物咳嗽，所以要对它们进行预防性的"以防万一"的 X 光检查；但另一方面，这确实削弱了兽医的自由，他们本能地运用他们的专业判断作出明智的决定，而且不必担心管理层会在季度末会议上对他们指手画脚。

另一个问题是纵向一体化。玛氏集团最近收购了美国兽医医院的控股权。玛氏集团可是企业巨头。2015年，它的销售额为330亿美元，其中只有一小部分来自巧克力棒。它现在是世界上最大的宠物保健产品和服务提供商。除美国兽医医院外，它还拥有皇家宠物食品、处方饮食系列和一系列非处方宠物食品品牌，包括宝路、伟嘉、优卡、爱慕斯、美士等其他粮食品牌。它还拥有最大的兽医专业和急救中心连锁店、第二大的兽医实验室公司、一家超大的兽医超声公司，以及最大的犬类DNA分析公司。哦，玛氏集团还拥有130家配有寄宿和狗狗日托设施的连锁店。它的投资组合中缺少的只是一家制药公司。我所担心的是，越来越多的兽医将被要求从公司的产业链里挑选他们的服务和产品，而不是根据他们对患者需求所作出的专业判断，从所有的选项中作出最优选。我最喜欢的是皇家宠物食品，但只是最喜欢而已。要是别人告诉我，这是我唯一能给我的病患提供的处方饮食，我真的不能忍。

归根结底，重要的是你和你的宠物及你的兽医之间的关系。希望无论你的兽医为谁工作都不会对其工作产生重大影响。看到我们所享受的自由和独立逐渐被侵蚀，我们这个行业的人会感到很难过。想到下一代的兽医将很少有机会再享受到那份拥有自己的诊所和自主作出决定所带来的自豪感，就很令人伤心。

在结束这个话题之前，我想解释一下这些公司为何能收购这些诊所。显然，肯定有愿意出手的卖家，肯定有兽医认为这是好事而不是什么坏事。这些当然有。这在一定程度上是因为大型兽医公司可以为年纪大点的兽医提供一种相对简单的方式来轻轻松松地退休。此外，它们能提供非常丰厚的条件。我足够幸运是因为我有一些年轻的兽医为我工作，他们非常乐意购买这家诊所，而且有一定的经济能力，所以我退休以后，就可以轻松地将我的诊所卖给他们。但每家诊所的情况不一样。有时候，有意愿的买家就是没那么容易找到。有时初级兽医不愿承担诊所的所有权和管理责任。因此，企业医院满足了以前没有得到满足的需求，我的一些同事对此表示感激。尽管我个人不希望看到这种事发生，但兽医最终也不能幸免于经济规律的影响。

隔壁餐馆的怪故事

最近，在和我们当了50年的邻居后，富丽宫餐厅关门了。这个消息真的让人喜忧参半。一方面，你很难看到一家标志性的企业和机构关门;但另一方面,老实说,我从来没有真正喜欢过它家北美式的中餐风味,还有那亮晶晶的粉色酱汁和不符合解剖学原理的鸡肉球。而且,它周五的自助午餐往往会带来一些问题:在结束了一天的城市购物后,大量来自乡镇的富丽宫爱好者会因为看不到或故意无视我们的标志,把我们的停车场堵得水泄不通。

也许我们的标志需要更大一些,因为每当我想到富丽宫餐厅,难免会想到一件事。大概在15年以前吧,当时是夏天的一个周五。那天像往常一样忙碌,一对看起来很紧张的中年夫妇从后门走了进来。诊所相对来说又长又窄,诊所的前面是一条繁忙的街道,后面是一个停车场,因此人们试图从后门进诊所的情况很多。我们通常会把后门给锁上,因为他们这样做可能会使诊所变得拥挤又混乱,而且这并不意味着免排队直达,但有些时候我们会忘了这件事。那天我们就忘了锁门。

这对夫妇慢慢走过美容区,经过养满猫狗的狗舍区,穿过治疗室,里面的工作人员忙个不停,宠物在不锈钢桌子上待着,各种机器发出"乒乓"的声音。他们路过这一切,来到诊所前的接待处。他们停下来,男人对接待员害羞地笑了笑,清了清嗓子,轻轻地问了一个问题。

他问:"这是富丽宫餐厅吗?"

我得先冷静一下。

"这是富丽宫餐厅吗？"

最令人吃惊的不是他们走进伯奇伍德后，以为这里是富丽宫。我想诊所的后台和餐馆的后厨看起来很相似。有时候，你的大脑会忽略一些信号。我懂的。这种情况以前发生过几次，人们只会咯咯地笑，然后迅速地换张脸。

最令人惊讶的也不是他们看过刚才的一切，听过他们听过的一切，闻过他们闻到的一切后，他们还认为这也许是一家餐馆。这确实令人惊讶，但事实上，这并不是最令人惊讶的部分。这些人看起来值得信任，满脸无辜，我敢说，他们是相当单纯的人。

不，最令人惊讶的是，他们在看到、听到和闻到了一切之后，仍然很饿，而且显然还兴致勃勃地问出这个问题。

富丽宫正在被殡仪馆取代，所以停车场的情况只会变得更糟。但我真诚地希望它不会发生任何有趣的故事。

80%

昨天是国际妇女节，我想我应该花点时间指出一个你可能没有注意或考虑到的事实:没有其他职业可以像兽医这样,在平衡性别方面发生如此巨大的转换。

1970年,兽医学院的学生中只有10%是女性;现在,超过80%的学生是女性。这一趋势还在继续。在一些学校,女性占比为90%。相比之下,医学院和法学院的男性占比仍有50%,牙科学院也有62%。兽医学50:50占比的交叉点出现在20世纪80年代中期。而我的母校——萨斯卡通的西部兽医学院走在了时代前列,1986年我上大一的时候,班上女同学已经占70%了。

1970年,加拿大仅有少数的执业兽医是女性;现在有60%的执业兽医是女性。这些女性平均比男性同事年轻10岁,因此,随着男性同事退休,以及被80%的女性毕业生取代,这一数字将稳步上升。在半个世纪的时间里,从事这一职业的人已经从以男性为主转变为以女性为主。

为什么会这样?部分原因在于工作性质发生了变化。在经历性别发生变化的同一时期,这一职业经历了从以农村——农场动物为主导到以城市——伴侣动物为主导的平行变化。在许多家庭中,妇女继续承担着育儿的主要责任,这让她们拥有更为规律和可预测的时间,而城市——伴侣动物也更容易获得,更具有诱惑力。农场接诊可以每天24小时,每周7天,兽医在出家门后一小时接一小时地工作。仅凭这一因素就应该消除障碍，为妇女提供更多平等的就业机会，而不是将她们推到主导地位。为什么她们会冲破人们预测的50：50的平衡？

这挺复杂的。其中一个因素是，兽医学院的学位竞争非常激烈，比任何其他职业都要激烈，而年轻女性越来越有能力赢得这场竞争。如今女性在学术界已然占据主导地位，在任何一个班级的优秀学生名单中，女性往往位于前列。原因超出了本文的讨论范围，但关于这一主题的文章数不胜数，你如果读上一篇，就会发现年轻男性学习成绩的下降是令人焦虑的原因所在。

另一个因素是，兽医的报酬较低，而且兽医可能不如其他许多职业那样享有盛誉。从历史上看，女性一直领着较低的工资，社会则鼓励男性追求声誉：这个关于性别现状的陈述很糟糕。这些情况正在发生变化，但一些根深蒂固的文化观念需要很长时间才会真正地消失。

最后，兽医比任何其他职业都需要更多的同理心。你如果正在读这篇文章，就明白为什么了。同理，这可能更像对我们文化的一种说明，我不认为和女同事们相比，我缺乏同情心，但也许我不太关心那些微妙的文化信号。这并不是对生物学影响的全盘否定。在一项针对异常焦虑的狗的调查中，7/10的狗都更喜欢女兽医。男人深沉的声音和壮实的体格让它们感到害怕（当然，关于其原因我是在开玩笑。令研究人员陷入无限沮丧的是，这些狗无法或不愿意回答这些问题。但观察结果通常是准确的）。

但这不是泾渭分明的，这只是一种倾向。我们可以看看这些倾向给自己带来了什么。当回想起1990年毕业的时候，我会惊讶于事情发生的惊天大逆转。尽管那时我看起来像12岁的青少年，但因为我是男的，人们立刻把我当成了医生，而多年来，我的许多女同学一直在和人们的那句"医生到底什么时候来"进行抗争。

兽医学已经发生了变化，正以前所未有的方式蓬勃发展。你们想想这意味着什么吧。

退役兽医

"veterinarian"（兽医）是个奇怪的词。人们很难读全这5个音节，经常会读成"vet'narian"。它是名词，不是形容词，人们似乎对此也有些困惑。而"veterinary"（兽医的）才是相关的形容词，但我经常听到"veterinarian hospital"（兽医医院）这个词。啊，亲爱的读者们，这个词是指一家专门为生病的兽医开的医院，虽然有点酷，但也挺奇怪的。兽医的缩写"Vet"也会引起混淆。当我说我是一名"Vet"

的时候,听众不止一次地认为我指的是退役军人。"veteran"(退役军人)和"veterinarian"(兽医)这俩词长得像纯属巧合。前者来自拉丁语"vetus",意思是"衰老的";而后者似乎来自拉丁语"veterinum",意思是驮畜。我说"似乎",仅仅是因为这只是最靠谱的一个猜测。因为从大家逐渐放弃使用拉丁语到"兽医"这个专有名词被用来指代给动物治病的人,这之间有着1000多年的历史。

鉴于这种巧合,"vet vet"的谐音产生了,意为"退役的兽医"或"兽医的退伍"。这里我指的不是一位在兽医诊所的战壕中度过几十年的老兽医,而是一位在真正的战壕里待过的退伍军人,他同时也是一名兽医。英国皇家陆军兽医团成立于1796年,当时公众正为英国骑兵的马匹所遭受的痛苦和死亡而强烈抗议。目前它大约有30名兽医,他们主要负责照看搜救犬和爆炸物探测犬。其中2名军官在最近的阿富汗冲突中丧生。在美国,陆军兽医团的规模要大很多,它雇用了700名兽医,他们不仅治疗军犬,还从事食品安全、生物安全和救灾等领域的工作,并为军人的宠物提供兽医服务。令人伤感的是,加拿大皇家陆军兽医团早在1940年就解散了,但这并不是加拿大议会大厦里从此多了一座超级感人的纪念碑的原因。

和平塔的纪念室是存放纪念册的地方,其中列出了所有为加拿大牺牲的人的名字。那是个神圣而庄严的地方。令很多人都惊讶的是，这个纪念室的入口上方雕着几种动物——驯鹿、骡子、信鸽、马、狗、金丝雀和老鼠。上面还有这样的题词："隧道工人们（是指第一次世界大战中死于战壕的人）的朋友，那些服役后死亡的、谦卑的生灵。"驯鹿、骡子、信鸽、马和狗的作用是显而易见的，但其他动物为什么在这里呢？事实证明，金丝雀和老鼠构成了用来检测有毒气体的早期预警系统。虽然驯鹿的出现仍然很神秘，但它们显然和1918年加拿大的西伯利亚远征军有很大关系。

加拿大皇家陆军兽医团尽管规模相对较小且存在时间较短，但确实培养了一位老兵，他可以说是加拿大最著名的兽医。1915年，温尼伯的兽医哈利·科尔伯恩少校在安大略省的怀特河边救出了一只失去父母的黑熊幼崽，并以其家乡温尼伯的名字将它命名为维尼。他正和加拿大皇家陆军兽医团大军一起前往西线服役，当他们还在英国训练的时候，维尼曾是一个团的吉祥物，但活跃的战区里没有维尼的一席之地。哈利把它捐给了伦敦动物园。几年后，A. A. 米尔恩和他的儿子克里斯托弗·罗宾会经常去那里看望它。你知道这个故事的其余部分[1]。战后，科尔伯恩少校回到温尼伯，在那里开了一家私人诊所，然后于1926年进入政府工作。由于在战争中长期受毒气影响，他的健康状况开始恶化。在科里登大道600号的家里，他依旧兼职给动

---

[1]　其余部分，即《小熊维尼》的诞生。——译者注

物看病，一直坚持到1947年去世。温尼伯动物园和伦敦动物园都有科尔伯恩和维尼的雕像。

科尔伯恩少校就是一个典型的退役兽医。由于他战后的工作主要集中在宠物身上，你也可以说他是一名退役的宠物兽医。如果你下雨天在室外遇到他，那他将会是一个湿衣退役的宠物兽医。原谅我，有时我发现自己根本忍不住去开这种玩笑。

宠物911

没有这个号。毫无疑问，有些人在遇到宠物健康紧急情况时会拨打911，我不知道接线员除了告诉他们"打电话给兽医"之外，还能说些什么。对于这种紧急情况，真正的"911"显然是你常去的兽医诊所的电话号码。如果你常去的诊所没营业，那它应该会通过电话答录机告诉你，你应该联系谁：有时是随叫随到的兽医，有时是诊所推荐的急诊医院。

这些你可能早就知道，但我说说这些基本知识也没什么坏处。现在你知道发生紧急情况时该怎么办了对吧？我们可以继续讨论一个更有趣的问题，即什么才是真正的紧急情况。

幸运的是，宠物的紧急状况种类比人类的少得多。如果你看看人类比较常见的7种紧急情况——胸痛、出现中风症状、事故、窒息、腹痛、癫痫发作和呼吸急促——实际上只有最后两种情况在宠物身上很常见，也很容易识别。它们确实会肚子疼，但这很难判断，幸运的是，这种情况很少会危及生命（它们的阑尾不会爆裂）。狗和猫很少中风，甚至也很少会"心脏病突发"。事实上，我们对宠物身上的冠状动脉疾病知之甚少。是的，它们确实会患上其他类型的心脏病，但这些疾病往往是慢性的，通常不会导致身体状况出现突发性的恶化。真正的窒息（不咳嗽或听起来像窒息的呕吐）不像你想象的那么常见。宠物确实会发生事故，但发生事故的频率远低于人类，这可能是因为它们不喝酒、不开车、不滑雪、不骑自行车、不洗澡、不擦枪、不玩火柴、不给家里重新布线、不尝试制作病毒视频……

另外，当我在20世纪90年代初接诊的时候，"HBC"是一种出现频次相当高的紧急情况。这和哈德逊湾公司（Hudson's Bay Company）无关，而是"被汽车撞到"（hit by car）的缩写。如今，越来越多的狗拴绳了，越来越多的猫被关在屋里了，我们每年可能只遇见少数几例这类情况。同样的，"BDLD"[①]的数量也在下降。猜不到这是什么吧？"大狗对小狗"是一种狗狗因打架造成创伤性伤的紧

[①] BDLD，即"Big dog - little dog"的缩写。——译者注

急情况,体形和力量的差异会导致"小狗"受到重创。这种情况还是存在的,但人们似乎对狗的行为有了更多的了解(一般来说,不是全世界人都知道),而且现在大部分狗都拴绳了。虽说如此,无绳遛狗公园的日益普及阻碍了"大狗对小狗"(BDLD)像被汽车撞到那样的情况迅速减少。不过,猫打架的情况远不像以前那么普遍了。(对于猫打架这件事,我们没有什么很酷的首字母缩写。)

你既然知道了不该太担心什么,那该担心什么呢?你应该什么时候打"宠物911"呢?美国兽医协会提供了一份有用的清单。我将在这里总结一个修订版本:

1. 严重出血或5分钟内血未止。

2. 窒息、呼吸困难或不停地咳嗽和呕吐。

3. 无法排尿或出现与排尿相关的明显疼痛。

4. 眼睛受伤。

5. 你怀疑或知道你的宠物吃了一些有毒的东西,如防冻剂、木糖醇(在无糖口香糖中)、巧克力、葡萄、老鼠药等。

6. 癫痫发作和/或步履蹒跚。

7. 骨折、严重残废或无法移动四肢。

8. 有明显的疼痛或极度焦虑的迹象。

9.热应激或中暑。

10.严重呕吐——24小时内两次以上的严重呕吐，或伴有明显疾病或此处列出的任何其他问题。

11.24小时或以上未喝水。

12.失去意识。

毕业后，我在一家急诊室工作了一段时间——这本身就是一个故事——我可以告诉你，90%的来电反映的都不是以上情况。但没有关系，好的应急服务可以让人安心。对方通常可以通过电话进行分类，告诉你要不要带宠物来医院看看。因此，我可以为你提供一个简化版的"到底什么时候该打电话"清单：

1.你的宠物看起来很痛苦(或者相反，非常嗜睡)。

2.你为你宠物的某些事感到痛苦。

请随时打电话，你不会打扰到别人。帮助别人是他们的工作，他们很乐意这么做。除非你喝多了，而现在是凌晨2:00，你想问为什么你的猫会一直盯着墙(真事)，那你就再考虑考虑吧。

出了国的兽医

我们刚从海外度假回来,虽然我们看到了很多动物(其实大部分是绵羊,如果你有兴趣可以猜我们到底去哪儿了),但幸运的是,它们都没有明显生病或受伤的样子,所以我们能完全摆脱兽医这个角色。但情况并非总是如此。多年来,在各个国家,洛兰和我都试图帮助乳房感染的山羊和内脏出血的猫咪。然而,最令人难忘的海外行医事件发生在20年前的菲律宾,当时莉安坚持要我们在她的厨房桌子上剧了她的狗。我聊聊这事儿。

洛兰和我找到了一个小岛,名叫马拉帕考,在菲律宾西南角巴拉望岛附近。从旅游海报上来看,这里是一个热带天堂,事实上,我们所在的那片海滩是《孤独星球:菲律宾》的封面取景地。但那里非常安静(因为交通很不方便),而且只有一个地方可以住。那是一个由一堆茅草屋组成的度假胜地,由一位名叫莉安的澳大利亚老太太经营。要我礼貌地用一个词来形容莉安的话,那就是"古怪"。首先,她经常在我们小屋附近的海滩上练习裸体瑜伽,这并不像听起来那么酷。此外,她有严格的禁酒和禁烟规定。后者对我们或其他两个客人——约翰和杰茜,他们是一对夫妻(俩人都挺有意思的,一个是普利策奖获奖记者,另一个是时装秀制作人)——来说都不是问题,但对其他一些来玩的人来说是个问题,他们都被拒绝了。事实上,当他们的船靠近海滩时,我们一眼就能看到。穿着紧身泳衣的大腹便便的中年男子,他可能是个老烟枪。我们喜欢他们这么干,因为只要没有其他人住,莉安就让我们以普通价格入住"高级"的小屋。

不过,不能喝酒是个问题。每天晚上莉安会在集体晚餐前为我们做一杯"马拉帕考特调"处女果汁饮料,但我们仍然非常需要一杯酒。

我们很快找到了解决办法。

马拉帕考岛是一个马鞍形的岛屿,东西两侧都有引人注目的石灰岩峭壁,北面是莉安明信片上的海滩,在丛林覆盖的马鞍南面是一个菲律宾小渔村,步行去那儿仅需15分钟。我们中的一个人会偷偷和约翰或杰茜过去买一瓶当地的劣质酒,小到可以塞进我们短裤的口袋里,这样我们就可以在莉安大谈特谈关于脉轮或宇宙振动之类的事情时,把酒快速地兑进饮料里。这样一来,晚餐就有趣多了。

这就是我们开始和你们,耐心的读者——探讨这个故事中兽医部分的地方,因为那个村庄里不仅有酒,还有狂暴的雄性狗狗(所以这里有药物和性,只有摇滚乐不见了)。

莉安有两只可爱的母狗。它们是大家都知道的那种经典"沙滩狗"——瘦瘦的、细长条、短毛、尾巴卷曲,虽然有点谨慎,但最终还是非常乐意接受人类的善意。它们还没有做过绝育,附近没有提供兽医服务的机构。莉安知道我们是兽医后,她本来就发着光的眼睛变得更亮了。

"你可以帮我给姑娘们做绝育!"

我笑了笑,又从杯子里嘬了一口。

"不,真的,我是认真的!你需要什么吗?"

"不,莉安,这根本就不可能。绝育手术涉及腹部开刀,所以我们需要全身麻醉和无菌条件,以及所有的手术工具。"

我本想改变谈话内容,但莉安坚持继续。

"没问题。主岛上有人可以帮忙。那边是菲律宾。我可以拿到你需要的任何东西,任何东西都行,只要给我开个单子。"她拿出一沓纸和一支铅笔,热切地看着我。

"哈哈,不行!真的,我们使用气体麻醉,这需要复杂的设备,尽管……"我开始有点动摇了,"……我想注射麻醉也是可能的……"

洛兰使劲摇了摇头。我看了看这两只狗,它们拥有巨大的乳头和深深的胸脯，我觉得在家里也很难做绝育。我知道我的一些同事，比如科琳和乔纳斯看到这儿会哈哈大笑（我可看着你们呢），他们可能在墨西哥用瑞士军刀、头灯和一些可能已经过期的氯胺酮当麻醉剂给动物做过绝育，但我和洛兰被现代医学宠坏了，我们没那么硬核。我们不可能这么做。

"但这太危险了，莉安。你爱这些姑娘，不想冒险对吧？除了有相当大的麻醉风险，还有一个事实，就是我们没办法给设备消毒或是在这里创造出一个完全干净的环境。"

这时，厨子卢卡斯露出了一个灿烂的笑容，插了一句："没问题！我会把餐桌打扫得很干净的，菲利普先生！"他用右手使劲在桌子上擦了一下。

争论进行了一段时间，但我们决定还是不做热带厨房绝育了。不过，我们还是感觉很不好，所以当我们回到加拿大后，我买了一大堆狗的口服避孕药，然后寄给了她。我一直没有收到回复。直到20年后的今天，我有时仍在想，我们到底能不能在那间厨房里给狗做绝育手术呢。

顺便说一句，我刚在谷歌上搜索了马拉帕考，而莉安仍然在那里待着，仍然像以前一样古怪。

摆弄刻度盘

我清楚地记得它第一次发生是在什么时候。大约2年前，我认识的一位好客户告诉我，她听说我要退休了。我很感动，她看起来很担心，被这个问题弄得不知所措。从那以后，我至少被问了6次关于我即将退休的问题。

首先，我不会很快就退休。先别说我想工作多长时间，一个简单的数学事实是，我可能暂时还退不起休。如果我现在退休，那我们一家将搬进拖车里，孩子们，可能还有宠物们，将不得不去找工作。还有，我只有55岁！是的，没错，我说的是"只有"。

一开始，我被这些谣言吓了一跳，认为它们与我的白头发、我有时确实很憔悴的样子有关。老实说，从我最后一次被人说看起来太年轻而不像正式医生，到第一次启康药房的店员问我是否有资格享受老年人折扣（但必须说，那位店员太年轻了，我敢肯定，30岁以上的人对他来说都像神话传说里的白胡子老头儿），我感觉就是一眨眼的工夫。从《天才小医生》（*Doogie Howser*）到《医门沧桑》[①]（*Marcus*

----
① 《医门沧桑》，此剧在1969—1976年播出。——译者注

Welby)也就是一夜之间。先别急着嘲笑我,别,我还年轻,我真的没有在电视上看过马库斯·韦尔比医学博士——我只是凑巧知道他是谁。

但当冷静下来后,我意识到这个误会可能不是我的外表导致的,而是我的日程安排造成的。4年前,我缩减到每周只上3天班。同时,我调整了班次,以便在这3天里能干完7成的活儿。很久以前,我每周工作4天,我从5天班到4天班的转变几乎没有引起任何议论。但到了一周只上3天班时,我似乎越界了。现在在一些人看来,我似乎已经开启了退休模式。

然而,事实并非如此。

原因更多地与我工作和生活的平衡有关,而不是与我的职业轨迹有关。一周工作4天时,我那一天假被指定用于应付差事、预约、做家务和照看孩子。虽然两个孩子现在都是青少年了,但都有一些需要额外关注的特殊需求。因此,这一天休息跟我上班一样忙。我多放了一天假,以便有一天的时间投入其他兴趣中,如写作、长时间的散步、享受计划外的美好时光。我很清楚,像这样的"我的一天"是很少有人能享受到的奢侈品,对此我心怀感激。接下来我想说的是,将兽医作为职业选择的一大优点是可以自由选择工作时间,从而在一定程度上也可以选择收入的多寡。

这就像有两个相连的刻度盘：一个关于时间，一个关于收入。在有很多医生和小动物的诊所里，你可以随意摆弄这些刻度盘。想工作少点？那就把小时刻度盘调低，收入刻度盘会跟着自动调低。想赚更多钱吗？你调高收入刻度盘，小时刻度盘便会自动升高。理论上，如果你能活下去，你可以一周只工作8小时，也可以一周工作80小时。没有多少人有这种自由。不过，准确地说，有些兽医也没有这种自由。在一些小型兽医诊所里，你可能被迫全职工作，以保证所有的排班顺利进行。对于许多大型兽医诊所来说，自由和灵活与否都取决于该诊所戏剧性的、按季节变化的客流量。但我们之中的大部分人是可以自由安排时间的。对于那些想要组建家庭的人来说，这是非常有吸引力的（只要配偶挣得足够多……）。对于那些像我这样的中年人——想做推迟了几十年的事情但不想或不能离开这个行业的人——来说，这同样很有吸引力。

警报响了

在兽医学院里，他们有很多东西都没有教给你，其中之一就是安全。当你经营一家兽医诊所时，你经营的是一家手头有大量现金的、还储存着一些具有较高黑市价值的药物的企业。但你毫无安全意识，只是依赖你的前任或导师建立的各种系统，以及依赖专业人士，如保安公司和你们当地的派出所。通常情况下，这很有用，但只是通常情况下。

然而，可悲的是，与大多数企业一样，在动物医院，最可能盗窃物品并让医院利益受损的恰恰是你自己的员工。如果我诊所的任何一位员工正在读这篇文章，请别紧张！我们现在的团队建立几年了，团队关系一直都很不错。你们都赢得了我的信任，但曾有一段时间，我像分发万圣节糖果一样分发信任。

曾经有一段时间，大量的氯胺酮不断消失。它在街上被称为"维生素K""特别K""奇巧巧克力"（kit kat）。其用户显然在寻求一种飘浮的感觉和愉快的幻觉，但他们如果误判了剂量，最终可能会获得一种可怕的濒死体验——有人美其名曰"K洞"。不用说，冒险去探索"K洞"绝对是个坏主意。我们无法证明谁是罪犯，但很快，我们严重怀疑的那个人主动辞职了，氯胺酮也不再消失了。从那以后，我们加强了对所有"管制药物"的配药监控。

有一次，我们新雇了一个前台，第一周就给了她一把钥匙和所有的保险箱密码和报警代码。接下来的发展你懂的。一个周六的早上，第一批工作人员到达后，发现后门不仅没有锁，还半开着。除了嘲笑自己的同事太马虎，他们谁也没多想，直到有人注意到保险箱大开着，里面空空如也。有人破门而入了？昨天晚上的工作人员不仅忘了锁门，还忘了设置警报？然后是第三条线索：新来的前台原定是那天早晨来上班，但她没来。我们叫她贝姬吧，因为我的员工里没有一个叫贝姬的。一个职员给贝姬打了电话，是她男朋友接的。他说她前一天晚上没回家，然后在短暂的停顿后，问诊所里是不是丢东西了。工作人员告诉他药和钱都没了，问他到底是怎么知道的？他只是笑着说，他猜贝姬的毒瘾又发作了。

工作人员打电话给我解释到底发生了什么。挂断电话后，我想起贝姬几天前在脸书上刚加了我为好友。我不经常上脸书，因此还没看过她的个人资料和时间轴。我至少可以说，这真是让我开了眼：一张又一张的照片上，人们身上的帮派标志闪闪发光，还有一个接一个的帖子赞扬贝姬在戒可卡因之路上的进步。噢。

警方当然无法追回任何被盗的药物和现金。

虽然在兽医医院里，"内部工作"是最常见的犯罪行为，但破门而入确实会偶尔发生。当然，我们有一个装了监控的报警系统，在主要的开放区域安装了联网的防盗门和运动探测器。根据安排，保安公司将首先打电话给"钥匙持有者"，询问他们应如何处理。这真的很烦人，因此合作伙伴和住在诊所附近的高级职工会轮流当"钥匙持有者"。我给你讲讲那个晚上发生的事吧,我还是挺幸运的。凌晨3:00,电话铃响了,这个点接电话也太糟了。我如果不得不去诊所的话,回来就不可能再睡了。保安公司的人说,接待区的运动探测器失灵了。我说那一定是虚惊一场,因为门铃都没响。该代表反驳说,有时警报可能会失灵,而且小偷可能会从窗户或屋顶的薄弱点进入,因此,他们强烈建议我去看看。我想起来克拉克医生告诉我,在20世纪70年代,他曾通过一个病房的旧天窗闯进医院,后来便把病房的天窗给封上了。这么看来,从屋顶进来是很有可能的。然后,代表问我要不要让警察在那儿和我碰头,我说可以。

我到的时候警察已经在那儿了,我们在后门碰了面,他还挺年轻的。

"晚上好,先生,我检查了一下四周,没有什么强行闯入的迹象。"

"好的。但是我猜想可能有人从天花板上的旧天窗钻进来,是吧?"

那个警察只是笑着点了点头,我继续说:"所以,我想你现在可以进去看看?"

"我想,最好是你先进去,先生。"

"我?"

"如果里面有一条没拴绳的恶狗,你来处理最合适。"他哈哈大笑。我太有礼貌了，也非常克制，我没说出我的真实想法。我觉得这家伙的年龄是我的一半，且肌肉力量是我的2倍。另外，我需要指出这一点吗？他还有枪。也许我在应对没拴绳的恶狗方面更有经验，但如果真的有贼在里面呢？警察不是应该勇往直前吗？他们不应该是英雄吗？这真的太荒谬了！这些想法在我的脑海中涌现，但实际上我只是打开门，然后小心地走了进去。警察就待在门外，直到我回头说那个地方看起来什么也没有。然后他慢慢地带着大手电筒走了进来。我突然想到，逃跑的狗不会躲起来，但走投无路的小偷可能会。但是那儿没有狗也没有小偷，只有一张纸在地板上。我们猜测，这似乎是通风设备把柜台上的一张纸吹到了某个特定角度上，从而引发了运动探测器的警报。警察被逗笑了，但我没有。

距离那场虚惊已经很久了。再有下次，我一定要先和警察好好聊聊。

兽医缩写DVM里的M代表什么？

几年前，我们在美国拜访了我们的老朋友。朋友在晚宴上给我们介绍了一些人。我已经习惯了人们在知道了我的职业后，给我讲各种各样可爱的或是不那么可爱的、令人毛骨悚然的宠物故事,但当这些人中的一个开始套我话的时候,我还是觉得没准备好。

"这么说,你是一位兽医?"他冲我咧开嘴,露出洁白锃亮的牙齿大笑道,紧紧地握着我的手。

"是的,一名小动物兽医。"

"这真的是太巧了!我昨天刚带我们家拉布拉多犬萨迪去看兽医。它的皮肤出了点问题,兽医这个测试、那个测试地推荐了一堆,然后我看到估价的时候,差点吓傻了!300美元啊!你敢信吗?"

我当然相信,并张开嘴准备回答,但他依旧抢了我的话头:"300美元啊!你知道我问了他什么吗?"

我摇摇头。

"我问他'DVM'(兽医学博士学位,Doctor of Veterinary)代表什么!然后我告诉他,在我看来,'M'代表的不是医学!那个'M'代表的是营销(marketing)!"他说,"而你就是营销学兽医!"

我只好笑了笑,并偷偷地开始四处寻找洛兰和我的朋友。

"但我相信你绝对不是这样的,菲尔①——一位真正的兽医!"我的新朋友说。他用那种我们都很熟悉的语气宣布所有人都是猪或诸如此类的事情之后,再补一句"我说的不是你啊"。我笑了笑,并把我

---

① 菲尔即"Phil",是作者名字"Philipp"的缩写。——编者注

们的对话引向了一个不那么烦人的方向。

然而，我无法忘记他的评价，因为他们觉得太不公平了。也许我的一些兽医同僚已经成了市场营销大师，但几乎每一位与我共事过的兽医在推荐化验和程序时都会遇到问题，不是推荐太多的问题，而是推荐的化验够不够的问题。这个职业吸引着敏感的人，敏感的人在看到别人发愁（包括面对账单）的时候也会难过。我发誓，一个客户抱怨消费太高会让兽医在为接下来的10个或更多客户推荐产品时产生连锁反应。为什么会这样呢？这是因为医生给客户推荐化验程序和治疗方式方面存在一个很大的灰色地带。这个范围的一端，对于既定案例来说，是你至少要做一项检查，即那种每个兽医都会推荐你去做的检查；而这个范围的另一端，是那些你根本就不用去做也很少有兽医会推荐你去做的检查。但是，这两者之间存在着大量的主观判断。兽医越生愤怒的顾客的气，就越可能少给他推荐东西。兽医学院没有教我们市场营销知识，也没有教我们任何与商业相关的东西。那些工作中让我们讨厌的部分，我们真的无力应对。将我们的推荐称为"营销"会让情况变得更糟，这就好像是在吹毛求疵，因为患者想要恢复健康就得做全面的检查——我们需要轻松地说服人们以宠物的最大利益为出发点。但这真的很难。

第二个"M"是——管理（management），这一点实现起来同样艰难，也同样在我们的大部分教育中缺失了。这是我们这些敏感的宠物医生所没有的另一种天赋。我们必须会管理员工，但我们大多数人都不知道应该怎么管。一些大型机构里会有办公室经理对此负责，但大部分情况是兽医自己负责人力资源的管理。就在这个周末，我收到了一大堆电子邮件，归结下来就是一些员工之间的八卦和刻薄的闲言碎语。

叹气。

多年来，我的管理哲学可以归结为"待人友善"。我想，如果我对员工好，就会给他们定下基调——他们互相团结友爱，那么我们一定会其乐融融，美好生活也在不远处向我们招手。但天底下根本就没有这种好事。总会有人在计较得失，计算谁得到更多，谁得到更少，然后说谁应该得到更多，而谁就不该得到那么多。

叹气。

因此，我正努力用更"严格"和"强硬"的方式来优化我的"待人友善"。讽刺的是，我的孩子们认为我是一个严格的家长，所以我人格中的这一特质一定可以被激发出来。不过，员工不是孩子。因此，在家里行之有效的方法不一定适用于20名性格各异、在复杂而紧张的工作环境中进行交流互动的成年人。

但我并不气馁。好吧，这个周末过后我确实有点泄气，但只是有一点儿。我很高兴自己是一个真正的兽医,我将继续努力成为一个更加会管理的兽医。不管是好是坏,我想我将永远是一个糟糕的营销学兽医。

结肠镜检查与小香肝

你肯定想知道结肠镜检查和小香肝是如何捆绑在一起的。如果你琢磨出什么来了,我可以告诉你,你想错了。

让我们从小香肝开始。我以前写过医学技术的快速发展和技术人员的涌现是怎样戏剧性地改变了兽医诊所的发展进程的,但我在这里告诉你们,作为一名小动物医生,没有什么比冻干小香肝的横空出世对我的日常影响更大了。

我有各种各样的方式让我的患者们喜欢我。这会让我的工作更有趣、更安全,让我的小患者们看到我时不那么害怕,也意味着我的客户更有可能在他们应该来的时候带着动物们过来。让它们喜欢我的最好方法就是喂好吃的。对于猫来说,这招起效困难点,不管零食的质量如何,张嘴吃的猫咪一半都不到;但是对于小狗来说,如果你拿对了零食,它们中的90%都会接受并还想要更多。我们过去的零食很糟糕,就好比儿科大夫向来他诊室的孩子们分发花椰菜棒棒糖作为奖励一样。有些狗不在乎,但这足以让我们决定试着去寻找别的零食,至少是一些相当健康的零食。新鲜培根也很受欢迎,但很显然,培根会带来一些问题。我们就来看看冻干肝脏吧。它们实际上是一小块一小块的肝脏。你如果仔细看,还可以看到血管和其他东西。当然我不建议你这样做。狗见到这些冻干肝脏时,表现得就像看到上帝一样。现在,小狗们不仅喜欢我,还爱我。当我一走进那个房间,就会把冻干肝脏分发出去,就像打针一样给它们一只一块。最重要的是,我会在它们看病结束以后分给它们。

为什么这点是"最重要的"? 这就到了结肠镜检查的部分了。接下来我先从学术的角度解释一番。1996年,诺贝尔奖获得者、行为心理学家丹尼尔·卡内曼和他的同事齐夫·卡蒙以结肠镜检查为例,证明了"峰值—终点规则"。这条规则认为,人们(可能还有动物)主要是通过体验的最高峰或最激烈的时刻以及其结束的方式,而不是通过整个体验的总和或平均值来判断记忆体验的质量的。为了证明这一点,他们将做结肠镜检查的人类患者分为两组。第一组接受标准结肠镜检查。第二组接受了相同的结肠镜检查,但与第一组有一个关键区别——在结束时,让结肠镜的尖端再停留3分钟,然后慢慢取出。第二组患者作出的主观评价是他们的经历明显没那么令他们难受，尽管检查持续的时间更长。大家居然喜欢时间更长的结肠镜检查！为什么？它没有那么令人不快，因为尽管体验的顶峰是相同的，但它结束的方式不一样。显然，让窥视镜静置几分钟比直接取出让人感觉更好。这具有实际意义，因为第二组患者也更倾向于接受结肠镜的复检建议（顺便说一句，这个实验无论是在哪儿做的，都绕过了一些关于镇静程序的重要问题，但这影响不大）。

所以，亲爱的读者们，这就是为什么饭馆会在饭后给食客发小薄荷糖和巧克力。这样，服务员得到的小费平均会增加14%。你甚至可能没有意识到这一点，但你对这顿饭的评价取决于你吃得最惬意之时（最难忘的时刻）和吃到最后时的感觉，就像结肠镜检查一样。我敢打赌罗孚对它来我诊所一事也有同感：即使下次来的时候它忘了，但至少在给它小香肝的那一刻更快乐了。那也很有意义呀。

两个洞

萨斯卡通的西部兽医学院的教育质量非常好。它在这4年里传授的知识远远超出了我的想象。人脑的平均容积约为1.2升，即两罐半啤酒的体积。一切都是怎么运行的？这需要组织学、病理学、胚胎学、解剖学、生理学、药理学、微生物学、免疫学、皮肤学、眼科学、外科学、肿瘤学、心脏病学、内科学、麻醉学、重症监护学、神经学、外敷学、胃肠病学来解释。还需要我继续吗？你明白了吧。这毫无意义。我只能假设还有一堆其他东西。想想看，从十几岁到上兽医学院的20岁之前，我的记忆里有一段相当长的空白。然而，考虑到一个人在那个年龄可以做的事，出现这些空白可能还有其他原因。

无论如何，我们学了一大堆东西，但老师当然不可能教所有的东西，所以在有些方面还是一片空白。我在其他地方提到过，尽管兽医诊所——不管我们喜欢与否（答案是否定的）——实际上是小企业，但我们没有受到过任何关于企业管理的教育。我们整个的牙科教育包括一位外科医生的一次讲座，尽管牙科是小动物医学的主要部分，但他明显觉得政府强迫他去谈松动的牙齿让他颜面尽失。所以众所周知，我们对商业和牙科一无所知。如果感兴趣的话，毕业后我们必须自己去上这些领域的培训课。好吧，没问题。真正的问题在于那些未知的缺口，它们就像隐藏得很好的地雷一样等待着我们。毕业几周后，我踩上了这样的地雷。

20世纪90年代，温尼伯兽医急救诊所有个奇怪的特点，它们的工作人员中有一部分，或者有时大部分都是应届毕业生。这很奇怪，因为在紧急情况下，你最需要依靠的是经验和直觉。通常你没有时间去查阅资料或与同事核实情况。事实上，深夜你总得自己待着，所以甚至没有同事可以问。问题在于，当有大量日常工作可供选择时，有经验的兽医很难被说服在午夜进行工作。然而，对于一个刚毕业的人来说，这是一个快速获得大量经验的好方法。此外，午夜工作的报酬比常规工作的多，所以你可以迅速还完你的助学贷款。我想到了直接跳到深水区去学游泳的比喻，事实上，还是有一些溺水者的。时间表上乱七八糟地写着一些年轻兽医的名字，他们上一两次班就会说："得，干不了。"我？我上了几十次班以后才学会了狗刨。当我白天的工作稳定了，经济状况也不再那么糟的时候，我立刻就推掉了其他工作。

早年间的一个周六下午，我正在急诊部上班，当时一个资深兽医也在值班。我们就直呼其名叫他戴夫吧，我想他不会介意的。我已经独自一人上了一个大通宵，因此有个替补我可太高兴了。

一位技师捧着一个文件夹板走过来："菲利普，你能去一下2号房吗？有位女士带着她的小狗过来了，小狗有屁股出血的病史。"

"好啊，我马上就到。"我松了一口气。我认为屁股出血可能与肠道问题有关，我在学校的时候很喜欢胃肠病学。也许是出血性胃肠炎？我还没接触过临床病例，但能清楚地描绘出肠道医学教科书中的相关页面。我对此有视觉记忆，有时眼前甚至能出现一些照片。

这只小马尔济斯犬叫桑迪（旁白：为什么白色的狗尤其喜欢流血呢？）。女主人大概是中年人，拥有一头看起来斥巨资打造的秀发和精心打磨过的红色长指甲，她看起来很担心。我摆出最让人放心的医生态度——这还是挺困难的，因为我看起来像只有14岁——然后，我举起了桑迪的尾巴。女主人把目光移开了。桑迪的整个屁股都是红的。我用过氧化氢浸泡了一叠纱布，开始清理血迹。慢慢地，混乱中一幅令人震惊的画面浮现了出来。桑迪有两个洞！一个大概是肛门，那另一个是？第二个肛门？当然不是，真是荒谬至极！是我们从软组织外科中学过的肛周瘘吗？但我觉得只有德牧犬才会经常得这种病。我真的很困惑。

"桑迪怎么了，大夫？严重吗？"女主人问道。我意识到我已经盯着狗的肛门看了很长一段时间，但什么也没说，这很可能让她开始害怕了。

"啊，是的，好吧，这有点儿复杂，"我这样说道，然后看到她惊恐地睁大了眼睛，"但请不要担心！这肯定不严重！"（真的不严重吗？）"我要和我的同事商量一下，我们马上就能为桑迪商定出一个计划！别担心！"

她看起来非常担心。

我从屋里退出去，像个傻瓜似的一边点头一边微笑。然后，就在我关上门的那一刹那，我转了个身，火速冲到大厅去找戴夫。

"咋了？"他问我。

"戴夫，那只小狗有……我不知道该怎么说，它看起来像有两个肛门！"（或者它只有一个肛门？我不太确定。幸运的是，肛门通常不需要复数①。）

值得称赞的是，戴夫既没有哈哈大笑，也没有当场解雇我。相反，他微笑着让我解释到底发生了什么。我说完以后，他笑着说："菲利普，那是一块肛门腺脓肿破了。跟对待其他地方的脓肿一样对待它就行，没什么事儿。"

肛门腺脓肿？肛门腺（或者更准确地说，肛门囊）是我们教育中的一个空白。皮肤科讲师认为肠道科涉及这一领域，反之亦然。此外，我家唯一一只"装备"了这个腺体的宠物，就是我们的猫穆克。我从来没有遇到过有关这个腺体的问题，因此从未意识到它的存在，更不用说知道它可能会发炎、感染或脓肿。我根本就没有这个概念。

在接下来的几个月甚至几年里，人们发现了更多这样的地雷，但没有一颗像那次遇到的有两个洞的狗的地雷那样令人尴尬。

---

① "anus"为肛门，单复数形式一致。——编者注

忙碌的夜晚

前几天我又听到了那种声音，我已经好几年都没听到过了。当时我正待在一家小公司的办公室里，接待台后面的电话铃响了。我的胃紧绷着，心跳加速，手掌出汗。我不知道接待员是否注意到了这些。你看，那间办公室还留着一部老北电①商务座机，20世纪八九十年代的兽医诊所里到处都是这种座机。那些北电座机有一种独特的铃声，时至今日，它一直是我的噩梦。

要解释为什么会这样，我必须让大家回到1990年，我从兽医学院毕业后的那几个月。正如我之前提到的，最早我靠急诊来赚钱和积累经验。当时我们有两家急救诊所，之前提到的那个有戴夫的诊所，是两家诊所中规模更大、更复杂的那家。另一家比较小，通常比较安静，这对刚毕业的学生来说是件好事，但也有一些明显的缺点。一个是你得睡在员工休息室的沙发上。另一个是前门没有电话和对讲机，深夜询诊的人会狂按门铃或砰砰敲门。

就说那个晚上，凌晨2:00，我刚刚给一位在我们这儿过夜的小患

---

① 老北电，英文为"Nortel"，加拿大著名电信设备供应商。——编者注

者做完治疗。它叫比尔博，是一只友好的糖尿病猫咪。它的下一次治疗被安排在早晨6:00，所以我还可以睡一会儿。过了午夜就没什么电话了。你仔细想想，谁会在夜里带宠物来治病？

是啊，谁会啊。

我把自己锁进了睡袋，闭上了眼睛。睡在睡袋里是因为沙发上有狗毛，空调制冷效果还总是很差。几分钟后，我就睡着了。

电话铃总是会被调到最大声。在白天这很合理，因为环境嘈杂。但到了晚上，这就是一个钻进你脑髓里的音速电钻。在你睡得正香的时候，这个音速电钻就会钻进梦的最深处。我记不起我梦到什么了，但记得电话铃在我的梦中变成了火警警报。我惊恐地醒来，试图从沙发上跳起来。我真的试过了。我被锁在了睡袋里，因此我一番辗转反侧，从沙发上滚了下来，"砰"的一声撞到了地板，就像一条大鱼落在了拖网渔船的甲板上。

是电话响了，不是什么火警警报。电话还在响，还响得更厉害了。

拉链卡住了，我从睡袋里挣扎着爬了出来，一边跌跌撞撞地走向电话，一边看了看时钟收音机的红色LED灯——凌晨3:10。

我镇定下来，深吸了几口气，抓起电话："你好，我是肖特医生，有什么可以帮你的吗？"

"哦,是的,谢谢。"是个年轻男性的声音。他的声音在凌晨3:10听起来分外清脆。"是这样的,我的小狗伯尼,它每天得点4次眼药水,然后我中午12:00和夜里12:00得各给它的眼睛点6滴。"

"好的。"

"但我晚上出去了,现在才回来,所以我想知道我是现在给它点眼药水还是就算了,或者我现在给它点眼药水,然后早上6:00再给它点一次?或者……"

他一定还在说话,但我的大脑已经发出了电池电量低的警告。

接着,从诊所前面传来一阵可怕的噪声。有人反复按门铃,狂捶着玻璃,大喊大叫的。

"对不起,先生,您得稍等会儿。"我盯着电话键盘旁边的功能按钮。这本应该是那个夜晚最轻松的一环,结果不知何故,事与愿违。小贴纸上标明了每个按钮的用途,但墨水褪色了。我猜一下哪个是保持通话按钮。

我猜错了。

听筒里传来了嘟嘟声,我不小心挂断了电话。

然而我没有时间管这个,因为前面的噪声变得更大了。我担心他们,不管他们是谁,总之他们快把玻璃给撞碎了。我把胳膊塞进我的白大褂里,抓起听诊器,冲向大厅。

电话铃又响了。

两个年轻女孩儿站在门口，两人都在大喊大叫。其中一个正在用拳头敲门。

我无视电话，打开了门。

"我把它摔坏了！"矮个儿姑娘哭着说。她穿着渔网袜、黑色迷你裙和薄纱衬衫，踩着高跟鞋。她的手看起来像是放在一个黑色的暖手筒里，但那是一只小博美。高一点儿的女孩穿着同样的衣服。

"哦，天哪。"这是我唯一的念头。

"你是医生吗？"高个儿姑娘问道。她正在嚼着口香糖，盯着我不停地发出响亮的"啪啪"声。

"是的，我是肖特医生。请进吧，我来看看它怎么了。"

她们经过我时，对我说："你看起来还在上高中。"这种话我都听惯了。我只是微微一笑表示回答。电话铃还在响着。高个儿女孩仍在嚼着口香糖。

我一边希望电话铃别再响了，一边把她们领进检查室，让矮个儿女孩把小狗放在检查台上。

"好，它叫什么名字？"

"白兰度，它是我的宝贝，可我把它给摔坏了！"她哭了起来，睫毛膏都花了。

"发生了什么事？"

"我们刚下班回家，我抱起它给了它一个拥抱，然后我的传呼机响了，我就把它给扔下去了！"她哭得很厉害。

我看着白兰度。我很难看到它腿的情况，因为它毛茸茸的，但我可以看出它只用三条腿站着，右后腿跷了起来。它很小，最多可能只有4磅（1磅=0.4536千克）。它很可能摔断了腿，我朝它走过去。它看了我一眼，那意思就是，"我不认识你，但我知道你是什么样的人，我不喜欢你这样的人"。它开始咆哮，看起来像一团恶毒的黑色烟雾。

另一个房间里电话还在响。

矮个儿姑娘还在哭。

高个儿姑娘还在嚼口香糖，她盯着我，眼神似乎在说："我不认识你，但我知道你是什么样的人，我不喜欢你这样的人。"

"我想我得给这小家伙儿戴上口罩，这样我们就安全了！"我用一种可笑的唱歌调调说道。

高个儿姑娘用鼻子哼了一下，翻了个白眼。矮个儿姑娘一直在哭。

戴口罩的过程没我之前想的那么可怕，让我大为欣慰的是，我很快就确定白兰度没摔断腿。相反，它的膝盖骨卡在了关节外。小狗，尤其是博美犬,通常会出现所谓的髌骨脱臼,或膝盖骨松动。通常情况下,膝盖骨会自动归位,不会给狗带来太多麻烦,但在极少数情况下,它会锁死关节,特别是当狗紧张的时候。白兰度很紧张,非常紧张。

我向她们举例解释了一下,然后用一种不会带来疼痛且轻巧的方式把它的膝盖骨推回了原位。我为自己感到骄傲。30秒之内,我就变成了英雄。

"就这样?你真的确定吗?"高个儿姑娘问,"这要花她多少钱?"还是一分不花?

"没关系,"另一个姑娘说,"我的宝贝好多了!"她把白兰度抱起来,给了它一个拥抱,然后把它交给了她的朋友。

白兰度瞪着我。

她的朋友瞪着我。

电话铃还在响。

我告诉她检查的费用是多少,加上午夜后的治疗费用(高个儿姑娘咕哝着"真是敲诈")。白兰度的主人慌忙把她的小手提包里的东西倒在柜台上,倒出了一堆20岁的人的东西——口红、安全套和一个传呼机。她把诊疗费从里面拨了出来,并挥手拒绝了我找给她的零钱。

她们离开后，我坐在那里揉了一会儿脸，然后抓起了电话。

"你今晚挺忙的吧？我刚才说了，伯尼已经点过眼药水了。还有，我忘了说了，它的皮肤也有点问题，我也得给它定时吃药。但兽医说这不会影响眼药水的使用，不管怎样，它的眼睛看起来好了一点。但是我忘了在午夜12:00的时候是否给它点眼药水了，所以我特别难受，想知道到底该怎么办。还有，我给你打电话的时候，又想起了一些关于它皮肤的问题，还有还有……"

正在他滔滔不绝的时候，我找到了控制响铃音量的按钮。

"对不起，先生，恐怕您还得稍等一会儿。"

当牧师、拉比和兽医同时来到酒吧

不，这不是玩笑。对不起，我误导了你。取而代之的是，我给你们安排了一个关于相关性和因果关系的讨论。是不是更有趣了？你不用回答。

兽医或人类医学中都会有很多迷惑人或误导人的方面，尤其是当两件或两件以上的事情同时发生，引起一阵混乱，但它们之间毫无关联。它们只是巧合而已，但是人们不相信有什么巧合。这听起来很可疑,而且像在逃避什么。

例如,假设你看到一位牧师、一位拉比和一位兽医走进一家酒吧。你是个侦探,正坐在外面的车里,努力装出一副漠不关心的样子。你听说兽医可能在搞一些阴暗的勾当,而你在跟踪他(澄清一下,这纯属虚构)。半小时后,牧师和拉比冲出酒吧,快步走到路边。随即牧师招呼了一辆路过的出租车,两人齐齐消失。你等着兽医露面,但他没有出现。通常你会去酒吧检查一下情况,但那里不欢迎你,而且还有一点,你担心兽医会认出你。几小时后,他还是没有出现,所以你还是得去探个究竟。兽医不在那里了。酒吧招待叫你离开,并声称对兽医的事一无所知。他一定是从你眼皮子底下溜走了,从后门溜了。第二天早上,你从新闻里看到兽医被人发现死在了酒吧的洗手间里。死因被列为未知,有待进一步尸检确认。你立即拿起电话,打电话给警察局里和你接头的人。你知道发生了什么——是牧师和拉比干的。

现在你怎么想?关于牧师和拉比,我说的对吗?这当然是有关联的,但里面疑点重重。对你的侦探生涯来说,不幸的是验尸报告显示兽医的死因是心脏病发作。对牧师和拉比的询问表明,他们早在兽医出事之前就匆匆离开了,他们俩因为专注于给兽医讲有趣的宠物故事,以致忘记了时间,差点错过了他们本应主办的一场特殊的跨宗教的慈善扑克赛。

好故事，菲利普，但这和兽医有什么关系？这就是我要说的了。我随便举一个例子，假设酒吧是你宠物的身体，而有三件事同时发生在这个酒吧里，比如食用一袋新食物（牧师）、一次疫苗接种（拉比）和突然的失明（死去的兽医）。有些人会立刻得出结论，认为是食物或疫苗导致了失明，尽管没有任何规律可以解释这样的猜想。失明对你来说似乎是一个明显的巧合，但是如果死去的兽医代表腹泻呢？食用一袋新食物或接种疫苗可能会引起腹泻（尤其是食物），但你能证明这一点吗？不。它们只是有相关性，仅此而已。腹泻的原因有数百种，而且经常有各种巧合。我们通常需要尸检，换句话说，需要通过一些测试来证明因果关系。

谢谢你读完了这一大段，有道理吧？这个逻辑非常重要。相关性不一定是因果关系。有时是，但通常不是。作为给你的奖励，接下来讲两个与动物有关的"走进酒吧"的笑话。

第一个笑话：

一个男人走进一家酒吧，对酒保说："嘿，如果我给你看一些让人难以置信的东西，你能给我一杯免费的啤酒吗？我保证这些东西绝对超出你的想象。"

酒保说："可以啊，当然了，最好真的让我大开眼界！"

那人把手伸进夹克里，掏出一只仓鼠，他把仓鼠放在吧台上。仓鼠跑到吧台的尽头，向空中奋力一跃，跳出了一个完美的360°空中转体，然后降落在了钢琴上。仓鼠在琴键间跳舞，像音乐会上训练有素的钢琴家一样演奏莫扎特的《一首小夜曲》①。酒保看到大喜："哇哦！真是大开眼界！这杯啤酒归你了！"

那人喝完了啤酒，说："如果我再给你看一些你闻所未闻的，同样会让你觉得不可思议的东西，我能再来一杯免费的啤酒吗？"

"如果是和那只仓鼠一样神奇的，那绝对可以啊！"

于是，这名男子再次把手伸进夹克里，这次掏出了一只绿色的小青蛙。他把青蛙放在吧台上，它立刻开始唱《我心永恒》。青蛙的声音很美，大家都惊讶地凑了过来。

青蛙唱完后，一个旁观者说道："真的太牛了！我给你1000美元，买下这只青蛙！"

青蛙主人说："1000美元？成交！"然后他就把他的青蛙卖给了那个人。酒保摇摇头，把第二杯免费的啤酒也给他满上，说："虽然不关我的事啊伙计，但那是一只独一无二的歌唱蛙啊！你为什么只卖1000美元？它本可以为你赚数百万美元的！"

---

① 《G大调弦乐小夜曲》是奥地利作曲家莫扎特于1787年8月24日在维也纳完成的，并以最时髦的德文用语 "Eine Kleine Nachtmusik"（"一首小夜曲"）命名。——译者注

男人回答说:"哈! 别担心。我的仓鼠是一位钢琴家和口技大师。"

第二个笑话:

一匹马走进一家酒吧,酒保问:"为什么你拉着个长脸? "马没有回答,因为它是一匹马。它不会说英语,只懂简单的马术指令。房间里的嘈杂声让它变得非常困惑和不安,于是,它在酒吧里转着圈跑了起来,然后撞翻了好多桌子和椅子,还打碎了玻璃杯,直到终于找到了自己的出路。

谢谢你说谢谢

亲爱的客户:

我也不是每时每刻都处在一种自信的职业模式里,有时我会因社交而感到分外尴尬。有时我甚至对社交规范一窍不通。我的孩子患有孤独症谱系障碍,我可能也有点。有一种社交规范一直困扰着我,那就是一个人会不会因为别人对他说"谢谢"而回答"谢谢"。如果这种情况发展到极致,那可能会有点失控。

"谢谢你!"

"谢谢你说谢谢！"

"好吧，谢谢你对我说谢谢，谢谢……"

听上去很可笑，对吧？最好是在第一声"谢谢"之后见好就收，但这也不完全适合我。这就是我写这封公开信的原因。所有给我寄来感谢卡、感谢电子邮件、葡萄酒、饼干或巧克力、你们自己的宠物照片以及其他表示感谢信物的人，我向你们所有人表示衷心的感谢。我感谢你感谢我。如果这不符合社交规范，那就这样吧。这就是我的感受。

你，这封信的读者，如果给我寄过一张这样的卡片，那应该知道我一直保存着它，不管你是在多久以前寄来的。我把它们都留下了，我有一个大抽屉，里面装满了感谢卡。总有一天我会数一数的，但真的太多了。每当对工作感到沮丧，我都会把抽屉拉开，看看它们堆在一起的样子，就会感觉好一些。偶尔，我甚至会拿出一张卡片重读一遍，尽管有时苦乐参半：人们通常会在我给宠物实施安乐死后给我寄来一张感谢卡，即使我知道他们并不是特别感谢我为他们的宠物提供了这项服务，而是感谢我对他们的宠物这一生的关爱。但甜蜜总是能战胜忧愁。时间确实治愈了许多（虽然可能不是全部）创伤，随着时间的推移，我会微笑着想起关于你宠物的一切，想起你我之间的情谊。正如我经常说的，兽医不是一个碰巧涉及人的动物事业，而是一个碰巧涉及动物的人类事业。正是有一些像你这样的人，我才会留在这里。

兽医通常都很敏感。我们的工作复杂多变，这就意味着有时事情并没有按计划进行，因此招致客户的批评，使他们失望、烦恼甚至愤怒在所难免。作为敏感的人，我们会一直记在心里。我们真的会很在意，因此一个心烦意乱的客户的一句刻薄话就可能让我们苦恼很久。我们本应该甩甩头大步走开，但这真的很难做到。真正的解药是我们自己的信心，我们用尽全力去做好每一件事，还有就是像你这样的客户的感谢，你们无时无刻不提醒我们，我们所做的事情实际上得到了很多人的赞赏。如果我们的小患者也能够表达它们的感激之情，那就太好了，但实际上你们做得已经足够了。

所以，谢谢你说谢谢。你不知道这对我来说有多重要。

你真诚的，菲利普·肖特医生，理学学士，兽医学博士

另外，如果你正在读这篇文章，然后突然想到自己本想寄一张感谢卡却一直没有抽出时间寄，请不要感到难过。别担心！我从不指望别人感谢我，也不会去探究到底是谁没有给我寄感谢卡。我完全明白。尽管我对所有让我的生活走上正轨的专业人士和其他人都心存感激，但很难记得要去感谢他们。感谢真是一件棘手的事。

关于安乐死你想知道的但又不敢问的一切

我想很多人还没读完这个标题就放弃了，这没关系。这篇文章不是写给所有人的，但我确实想记录一些有关这方面的事情。这是一个令人心碎的话题，但也是一个重要的话题。我知道这对一些读者来说可能太过令人情绪激动，也很令人难过，其他人则宁愿不知道。别害怕——你如果属于这两个类别中的一个，那可以高兴地跳过这一部分，转而进入下一个故事。

有一个普遍的规律是，每个人都可以提问，10个人明明有同样的疑惑，却不想问。我不知道这种民间智慧是从哪里来的，但在很多情况下，我觉得大概这是正确的，如当说到安乐死的时候。然而，由于涉及强烈的情绪，我认为疑惑的人与提问的人的比例接近100∶1。下面是我被问到的问题：

安乐死每次都会奏效吗？

是的。令人痛心的是，尽管兽医们的职业目标是挽救生命，但是他们提供的一项绝对有效的服务就是"结束生命"。

你为什么先用镇静剂?

并不是每个兽医都会先给要做安乐死的患者注射镇静剂,但我几乎总是这样。首先,我想确保宠物不会在最后时刻影响到每个人的情绪。动物们通常非常熟悉这种感觉,并可能变得十分害怕,尤其是在兽医办公室里。其次,特别是在患者身上,为实施安乐死找到一条弹性良好的充盈静脉通常不会那么快。镇静剂可以在皮下注射,但安乐死的注射需要在坚实可靠的静脉中进行。如果我们花一些时间就能找到合适的静脉则更好,我不希望患者变得焦虑,也不希望它们在我们注射安乐死溶液的时候移动。

镇静剂多久发挥效用?

时间并不是固定的,但通常是10分钟左右。我们会一直等到它们昏昏欲睡。有些个体单用镇静剂就会完全失去知觉。

安乐死药物是如何起作用的?

我们会使用过量的注射麻醉剂。它属于巴比妥类药物,类似于几十年前你不得不拔掉智齿时所用的那种安眠药或麻醉剂(现在我们拔牙时会用更安全的药物了,开心吧)。我们会用很大的剂量,好让宠物大脑的所有部分都陷入沉睡——首先控制住它们的意识和思维部分，然后控制住呼吸和心跳部分。它是一种麻醉剂，因此它所带来的感觉就像马上要入睡一样。

过程有多快？

非常快。一旦被注入静脉，药物会很快发生作用。根据患者体形大小的不同，整个注射过程可能需要几秒钟，但在注射完成之前，它们经常就会完全失去知觉并停止呼吸。

你为什么在它们静脉上涂酒精？

我从来没有考虑过这个问题，直到一个客户问我："它马上就要死了，你为什么还要给它消毒呢？"好问题，但我这么做并不是为了消毒。涂抹酒精有助于让静脉更加突出。

有什么不良反应吗？

大多数情况下，一切都进展顺利。我们使用的镇静剂在进入体内时有时会产生一点刺痛，但宠物很快就会感觉良好。在奇怪的情况下，当镇静剂开始发挥作用时，宠物们可能会显得有些迷惘，但这种情况很快就会过去。动物对安乐死本身极少有不良反应——通常表现为发出各种声音。这对主人来说是非常痛苦的，但宠物体内已经注射了足够剂量的药物,以至于它们无法真正意识到自己到底经历了什么,也无法控制自己发出的声音。再说一次,这是非常罕见的。不过,当宠物完全失去知觉后,有时会在临终前做几次深呼吸。

它们为什么不闭上眼睛?

当你死后,你所有的肌肉都会放松,包括你眼睑的肌肉。眼睑肌肉必须收缩眼睛才能闭合。顺便说一句,肠道和膀胱肌肉也可以放松,所以有时它们死亡时这些肌肉会放松。宠物当然完全没有意识到这一点。

接下来尸体怎么处理?

火葬场并不是每天都会安排人来取尸体,所以在大多数情况下,尸体会被放在一个专门的冰箱里,直到有人来收。你死后也可能会在一个特殊的冰箱里待上一段时间,所以这真的很相似。

我怎么知道我拿回的是我宠物的骨灰?

我们信任火葬场。我们很了解运营商,我们自己的宠物也都在那里火化。你也可以去参观一下,或者亲自带上宠物的遗体前去火化。

你不会在它的身上做实验吧?

不会。事实上,我不止一次被问到这一点,这说明一些人对科学的了解是多么的少,更不用说对职业道德的了解了。这种想法令人反感,而且老实说在这种情况下,我们确实没有办法做什么有用的"实验"。

我能捐赠它的尸体用于科研吗?

在极少数情况下,你也许可以这样做。偶尔在特殊状况下,我们可能会从尸检结果中学到一些东西。虽然这不是真的"捐赠它的尸体用于科研",但想法差不多。不过,如果没有事先征得主人的同意,我们绝不会这样做。尸检通常只有在客户自己提出的前提下才能进行,我们如果开口去问,会很尴尬。

你是不是已经习惯了对人们的宠物实施安乐死?

没有,从来没有。每次实施,我的心都会碎掉一块。

爱

"我一直和它在客厅的地板上过夜,那里有它最喜欢的毯子。一直担心它会停止呼吸，所以我基本没怎么合眼。我知道它的时间不多了。我今天是不想带它来的，因为我很担心你会让我必须把它留下来。"加尼翁太太的眼睛一圈都是红的，她说这话时声音颤抖。

我低头看着埃德温，一只上了年纪的黑色可卡犬。它有点喘不过气，但乍一看，它似乎并没有到奄奄一息的地步。我蹲在地板上，给了它一块小香肝，它高兴地吃了，摇着它那短粗的小尾巴。当在零食罐里摸到另一块零食时，我想起了威尔逊先生，他在治疗糖尿病并发症时，请了一天假和他的猫咪欧洲防风坐在一起。欧洲防风会整天待在家里；威尔逊先生也会整天待在家里，读一会儿书，拍一拍欧洲防风。他俩就那样静静地待在一起。我想起了威尔逊先生，加尼翁太太让我想起了他。她让我想起了他，因为他们来到这里都是因为爱。

我从事的是一种非常优越的职业。你会因为爱去拜访哪些其他专业人士？家庭医生？不。律师？哈。会计？哈哈。牙医？哈哈哈。这个名单上还有很多职业，事实上，我能想到的唯一其他类似的职业是儿科医生。我经常和我孩子的儿科医生开玩笑说，我是毛茸茸的四足动物的儿科医生，而他是无毛的两足动物的兽医。诚然，许多兽医客户（和孩子的父母）也会受到责任感、做正确事情的欲望以及内疚感的驱使去行动，但根本的驱动力通常是爱。

假如你在跟一堆不养宠物的人谈话，说到这儿就十分尴尬了。

爱？是真的吗？要不要这么夸张？是不是太多愁善感了？是不是说明他们缺少别人的爱啊？不，不是，不是的。请原谅，如果我说这些像在对牛弹琴的话，那下面的内容则是给一些没有宠物的人（我能称他们为麻瓜吗？）的福利，以防他们偶然看到这本书后想，这是什么玩意儿？

问题的一部分来自语言。英语是一种奇妙的、丰富的、富有表现力的语言，但也有一些缺陷。当涉及描述和为对象命名时，我们有一个详尽的词汇列表可供选择；但当涉及关系和情感时，我们就没多少词可以用了。比如，想想"叔叔"这个词。在英语中，这个词可以用来指称你父母的兄弟，也可以用来指称和你父母的妹妹有过短暂婚姻的男人，它有时甚至可以用来指称家里年长的男性朋友。世界上有许多种语言对每一种身份都有不同的称谓，但和英语相比，却显得词穷，如它们可能没有单独的词来形容各种不同的汽车的形状、鞋子的样式或沙发的配置。当然，你可以想想，这些对于我们的文化来说到底意味着什么。

无论如何，"爱"这个词也是如此。应该有更多的词语来描述各种各样的爱。你对父母的爱和对配偶的爱一样吗？对你的孩子的呢？还有对兄弟姐妹或最好的朋友的呢？他们都有着密切相关的情感，但又不完全相同。许多人对宠物的爱也是如此，言不尽意。如果我们被"爱"这个词束缚，那么这种爱必须是广阔且具有包容性的。

比较不同种类的爱没什么用。当然,在《苏菲的选择》的噩梦场景中,你们所有人都会选择以失去你的狗或猫(几乎所有人……大多数时候……)为代价来拯救你的孩子,但这绝不是现实生活中的选择。

至于多愁善感,是的,我想这种感觉可以用多愁善感来形容。那又怎么样呢?当我们去品味那些让我们觉得不枉此生的点点滴滴时,不就是一种多愁善感的表现吗?好的音乐、电影、艺术和文学作品都利用饱满的情绪来吸引你,让你身临其境。爱和对于宠物的陪伴的感激大体上是相似的。你能想象一个伤感被排斥,一切都必须冷酷而务实的世界会是怎样的?

至于"人们对宠物的爱表明人们需要填补情感的空白",这在大多数情况下被充分证明是错误的。当然有很多孤独的人在宠物的陪伴下找到了慰藉,但养宠物的人代表了最广泛的社会群体——包括许多最合群、最外向的拥有好人缘的人。事实上,我的经验是,一个人爱动物的能力越强,通常也就越有能力去爱人。

埃德温和欧洲防风都过得不错。我不会说是爱的力量让它们变得更好,但这种力量肯定不会伤害它们。

我们可以从一个人对待动物的方式来判断他的心地是否善良。

——伊曼努尔·康德

第四部分

THE PART FOUR

其他动物

第二只鸭子

在职业生涯中，我曾见过两只鸭子，两只鸭子都有很棒的故事。这两只鸭子从头到脚都是故事，我有幸不止一次见过它们，我宣布鸭子比我见过的其他所有物种都要好玩。鸭子就是这么酷。我怀疑给山羊看病也会得到很多有意思的故事，但不幸的是，我的职业道路让我远离山羊。我真是悔不当初。

第一只鸭子名叫帕嘟斯，是只白色的农场鸭子。它摇摇晃晃地走进诊所（和它的主人一起）进行定期检查。它的故事仍是目前颇受欢迎的故事之一。正如我所说的那样，鸭子很酷。第二只鸭子名叫杰克，在许多方面都与帕嘟斯相反。当帕嘟斯在诊所里极度放松的时候，杰克被吓坏了。帕嘟斯的个头儿大得出奇，杰克却小得出奇。帕嘟斯是纯白色的，而杰克的羽毛都是绿头鸭头上的那种闪闪发光的深绿色，它的嘴和脚都是乌黑油亮的。杰克是一只东印度群岛鸭，漂亮得艳光四射。我从未见过这么漂亮的鸭子。实际上，我从来没想过世界上会有这么漂亮的小鸭子。

杰克的主人博尔顿先生和我同龄，是一个安静、有礼貌的人。从他的穿着（T恤、牛仔裤）到他的座驾（小面包车）来看，他似乎只是一个普通的、生活在郊区的大叔，直到你发现他对鸭子有一种恋物癖式狂热。我指的是那种健康的恋物癖，而不是与性有关的恋物癖。当其他郊区大叔在修剪自家后院的植物或是在院子里支起烧烤架时，博尔顿先生显然已经把他的整个后院变成了一个精心设计的鸭鸭栖息地。他给我看了看照片，这些鸭子长得很肥美。正如杰克的外表所暗示的那样，这些不仅仅是鸭子，而是"花式鸭子"。我指的是技术意义上的"花式"，而不仅仅是鸭子的"豪华"或"优雅"程度。显然，世界上有一群鸭子爱好者，就像豚鼠爱好者、鸽子爱好者和金鱼爱好者一样，他们还培育出了一群长相出众的鸭子，这在鸭子的"博览世界"里就代表着"花式"。事实证明，东印度群岛鸭子与东印度群岛的实际地理位置无关，而是以前的一个鸭子爱好者创造出的颇具异国情调的名字。博尔顿先生有几只东印度群岛鸭和几只鸳鸯，鸳鸯们穿着光彩夺目的紫色、铜绿色、橙色和奶油色的羽质精美小外套。和通体都非常时髦的东印度群岛鸭子相比，这些鸳鸯看起来更花枝招展。

而博尔顿先生之所以把杰克带到我这儿，是因为往常给他的鸭鸭看病的乡村兽医逐渐对他们一家表现出轻蔑和冷漠来。那位兽医显然是从家畜的角度而不是宠物的角度来看待杰克和他的小朋友们的,而且他觉得给宠物看病完全是浪费时间。我不记得这位兽医是谁了,而且博尔顿先生的评价很有可能不太公平,他可能对兽医说的话过于敏感了。但无论如何,博尔顿先生想试试宠物兽医,而我以前只诊断过一只鸭子的事实并没有让他退缩。

在最初的介绍和问候之后,我问博尔顿先生杰克怎么了。杰克是一只焦虑不安的鸭子,所以被关在它主人脚边的一个板条箱里,我们只能看到它深绿色的头和闪亮的黑色小眼睛。

"是它的阴茎。"

这下博尔顿先生不想让那位乡村兽医对此进行检查的原因就变得清楚了。

"哦?怎么了?"

"杰克是一位伟大的播种者,它真的充满了激情。我认为它伤到了阴茎,以致阴茎肿了起来,再也缩不回去了。"

有时我的工作很枯燥,有些循规蹈矩,有时又不是——这意味着可能又有什么奇怪的事情发生。

"好吧,让我来看看。"

博尔顿先生蹲下来,打开箱子,小心翼翼地把杰克抱了出来,同时发出轻柔的咕咕声。近距离观察杰克后,我发现它甚至比我从照片中看到的还要漂亮。瞧那闪闪发光的翡翠色羽毛,光线是如何在上面流转的啊，这些羽毛还与它乌黑的嘴、眼睛和脚形成了鲜明的对比。这让我叹为观止。它还有别的器官也是黑色的，如它的阴茎。它下垂着，像一根阴郁的小香肠。正常情况下，它们的阴茎是螺旋状的（没开玩笑，我说的是真的），但它的阴茎已经肿得看不出螺旋状了。

我唯一能说出口的就是"噢，我的天哪"。我照着光，拿着放大镜，仔细看了看。杰克很安静，虽然没有挣扎，但也很紧张。我想这并不奇怪。对于大多数读者来说，鸭子肿起来的阴茎可能已经够恶心的了，我就不详细地描述它了。我只想说，在仔细检查了肿胀的黑阴茎后，我断定可怜的杰克患有龟头炎，龟头炎是阴茎感染引起的一种炎症。"它已经被感染了。"我告诉博尔顿先生，"但老实说，我对这个不太了解，我先去仔细地看看文献，之后咱们再做计划。"

我离开了检查室，走进我的办公室，然后登上兽医信息网，这个订阅服务平台拥有一个超级庞大的病例报告数据库，里面收集了意见、数据和各种兽医记录情况。我在搜索栏里输入了"鸭子龟头炎"。什么也没有。显然，这不是个可以想象得到的兽医剧情。然后我去谷歌搜索了一下。这是个坏主意，我太天真了。因此，我借用了一个基本的兽医工具——推断。如果这是一只狗，我会使用抗生素和消炎药,并建议主人在家里给它进行定期的温和清洗。我觉得可能得从一个古怪的鸭子的角度去考虑这个问题,但如果真的有方法,我也不可能知道。

一周后,博尔顿先生打电话告诉我,杰克的阴茎仍是肿胀又突出的,但好像没有那么肿了,杰克似乎高兴点了。我请他过一周再打电话,因为到那时药物就用完了。他这样做了,报告还是一样——有些好转,但还是没有痊愈。我决定换一种抗生素试试,并再次向上帝祈祷。在接下来的几周里,我们经历了几轮这样的考验,结果总是一样的。最后,博尔顿先生和我都认为,杰克的龟头炎最多也只能治到这个水平了,彻底治愈看似遥不可及。显然,总有一些不可知的、古怪的、特定治鸭子的因素在起作用。最终的解决办法是切除阴茎。你们品品这到底意味着什么,我们都觉得,包括杰克在内,没有谁觉得这是个好主意。它将不再是公鸭杰克,也不再是一只炫酷的种鸭,但它在余下的日子里会相当快乐。有时,拥有合理的快乐是我们所能期望的最好结果。事实上,这往往就是我们所能期望的最好结果。

蜜蜂医学

这个职业最吸引人的一个方面是可以接触到各种动物。我曾经照顾过各种动物,小到蜂鸟,大到驼鹿。好吧,我承认我是在上兽医学院的时候接触到这两种动物的。在我的宠物诊所里,动物的范围缩小了点,如从小鼠到大獒。但无论是蜜蜂还是鲸,我的同事们都应知尽知。鲸,好吧,在某种程度上,你可以想象一下。但是蜜蜂呢?你一定以为我是在夸张或开玩笑,但我说的是真的。

现在,蜜蜂兽医协会的数据库里有345名美国兽医。关于蜜蜂还有一个英国蜜蜂兽医协会——它有一个很酷的网站(britishbeevets.com),以及一个无脊椎动物兽医协会。后者似乎更关注蜘蛛和龙虾,但肯定也对爬行、蟹行或嗡嗡叫的东西感兴趣。

好了,你们现在可以讲出那些显而易见的笑话了。"你一定有一台非常小的X光机!""给它上药而不被蜇一定很难吧!""你怎么给它测体温?!"哈哈。没有,不是的,不测体温。蜂药与许多其他食品生产类动物的药一样,主要用于大群体而非个体的诊断和治疗。我们给死去的蜜蜂做诊疗,如果合适,我们会为整个蜂群开一些处方。

有关蜂药的记载一直被埋藏在兽医文献的深处，是毫不起眼的参考资料。但最近抗生素管理法里的一点改动，让这种情况发生了变化。在过去的几年里，美国和加拿大的监管机构开始要求，对蜜蜂使用大部分抗生素时必须有兽医处方。兽医处方需要体现有效的"兽医—客户—患者"关系。是的，兽医必须与蜜蜂（或蜂群）建立关系。开任何处方之前，医生必须先看蜜蜂并作出诊断。这是因为养蜂人过去从柜台就能买到抗生素，滥用抗生素并不是他们有意为之的结果，而主要是由于他们缺乏知识和培训。滥用抗生素导致蜜蜂群体对抗生素产生了耐药性，体内还有抗生素的残留。

因此，兽医们现在必须了解"瓦螨""蜱螨""微孢子虫""小型蜂巢甲虫""以色列急性麻痹病毒""黑皇后细胞病毒"等生物，以及听起来很有中世纪特色的"蜜蜂白垩病"和"蜜蜂污仔病"以及其他许多蜜蜂疾病。蜜蜂污仔病是一种可以杀死蜜蜂幼虫的具有高度传染性的细菌性疾病，目前影响了加拿大约25%的蜂巢。蜜蜂污仔病的流行是大规模使用抗生素的主要原因。如今有了正确的诊断，并在合适的时间开出合适的抗生素，好好地把握使用剂量，治疗效果一定可以比过去的更好。兽医会营救成功的！不过，除此之外，我会坚持医治我的小鼠和大獒，以及大部分体形介于两者之间的动物。

汉克·拉米雷斯的绝代芳华

汉克·拉米雷斯这辈子值了，它的一生充满了冒险和爱。考虑到时间的相对性以及它主观上对时间流逝速度的感知，我确信在它那个小脑袋瓜儿里，它活的时间相当于人类时间的100年。我们不知道它在哪儿出生，也不知道它的父母是谁，但它后来生活的方方面面都被它的同伴和监护人——一个10岁的女孩——事无巨细地记录在案。令人惊讶的是，这只仅有45克重的小东西竟能过上如此丰富的生活。同样会让一些人感到惊讶的是，这只仅有45克重的小东西竟然可以得到如此深沉和真挚的爱。

汉克·拉米雷斯是只泰迪熊仓鼠。

它的全名叫汉克·拉米雷斯·彭纳，因为它有个早慧的主人叫作克洛艾·彭纳。她的早慧体现在她第一次带汉克·拉米雷斯进我的诊室时是独自一人。她的父母认为这是她的仓鼠，她应该对它的医疗事宜全权负责，因此他们只是坐在候诊室里等着（不过，我认为他们还是会给她付钱的)。坦率地说,有时这种安排会让兽医觉得很烦,这肯定会让我们的部分工作量加倍,因为诊疗之后不得不再向她的父母重复一遍。但这种事绝对不会发生在克洛艾身上。她细心且敏锐,显然能够听从我的建议。就是这样。真的,她对于一切有关仓鼠的事情都了然于胸。当她把汉克·拉米雷斯带过来做第一次例行检查之时,我的工作就是告诉她,她所做的一切都恰到好处。她给我看了它笼子的照片。笼子里的透明塑料管通向各个小房间,彼此交织成了一张精致的网,如果我没记错的话,其中还有一个看起来像小太空舱的房间。汉克·拉米雷斯的美好生活正在徐徐展开。

都说到这儿了,我就招了吧,所有种类的患者我都喜欢。我对猫咪和狗狗一视同仁,兔子和豚鼠对我来说也是手心手背,虎皮鹦鹉和金丝雀在我眼里不分高下,我也不会回避蛇、老鼠、刺猬或雪貂等动物——以上只是几个有时会引起偏见的例子。然而我长期以来一直是一个秘密的仓鼠怀疑论者。有趣的是,因为我妻子小时候养过仓鼠,而我则养了一只沙鼠,所以我们有时会进行激烈的"仓鼠与沙鼠哪个更乖"的辩论。我绝对有理由说沙鼠比仓鼠乖,因为我被仓鼠咬过的次数比所有其他啮齿动物加起来的都多,这可能也让我对仓鼠有点偏见。但随后汉克·拉米雷斯出现了,它没有咬我,从未咬过我。它非常纯真,也是个酷小伙儿。这真的是一只我很期待看到的仓鼠。

通常仓鼠不会被带去看兽医。我们没有针对它们的疫苗，也不需要（甚至不想）对它们进行绝育或阉割。此外，它们非常皮实，因此它们短暂的生命里不会出现太多状况。但不幸的是，也许仓鼠不被带去看兽医的最常见的原因是大家觉得不值得为它们花钱，人们倾向于将仓鼠归于宠物中的金鱼类别，而不是狗和猫的类别。我想知道这是为什么。是因为仓鼠便宜吗？但是许多狗和猫也便宜。是因为它们太小了吗？如果是这样，那么这是否意味着大丹犬比吉娃娃更值得照顾？是不是因为在《辛普森一家》的剧集里，兽医（准确）试图用除颤器（不准确）复活一只仓鼠，之后失败了，把仓鼠扔进了一个篮球架下的废纸篓里（不准确）？还是因为它们得到的爱太少了？我想应该是这样。但令人高兴的是，汉克·拉米雷斯什么也不用担心，它过的可是蜜里调油的日子。

我想我在汉克·拉米雷斯的3年生命里见过它5次。一次是初次就诊，两次是年度检查，两次是出于医疗原因。它第一次生病是出现所谓的"湿尾巴"。"湿尾巴"是我们的委婉用语，指仓鼠的尾巴不是被水弄湿的，而是被液态的粪便弄湿的。就像其他物种的腹泻一样，"湿尾巴"不是一种单一的特定疾病，而是可能由多种原因诱发的症状。这些小动物会很快脱水，情况可能会很危急，但幸运的是，当我们弄清楚到底怎么回事后，汉克·拉米雷斯立刻苏醒了过来。仓鼠的肚子可能很小，克洛艾在保证膳食均衡的情况下，给它喂了所有合适的食物，但她的家人却偷偷给了它太多小零食。他们因此感到内疚。每个家庭成员都想成为汉克·拉米雷斯最好的朋友（或仅次于克洛艾的第二好朋友）。偶尔给小仓鼠吃一点儿苹果是很好的，但是三个人每天都给它吃一点儿苹果对它来说就好过头了。

它第二次来是因为克洛艾认为它脸上长了个肿瘤。她显然非常沮丧，但努力表现出很勇敢的样子。汉克·拉米雷斯的右脸颊上有一个巨大的、不规则的肿块，它已经不吃东西了。仓鼠很容易患癌症，但这并不是癌症。当我摸了摸肿块，撬开它的小嘴往里看时，我和克洛艾都大吃一惊。不知何故，它右脸颊的颊囊里塞满了食物，以至于鼓出了一个大包，大到甚至跟它的头差不多大了。而且因为它还塞了没壳儿的葵花籽，所以触感很奇怪，也很粗糙。我们都知道仓鼠有很大的颊囊，但不知道它们可以被撑得这么大，也不知道食物可以卡得这么厉害。解决办法简单得令人心满意足，我只是把它的颊囊翻了个底朝天，就像翻牛仔裤的口袋一样。它很虚弱，足以让我在没有给它麻醉的情况下做这件事。

我知道你期待着一个伤感的结局，但那次颊囊事件不是很令人伤感吗？汉克·拉米雷斯又一次振作起来，就像经历"湿尾巴"一样；就像它从太空舱里逃出来，做了一个出舱活动，3天后在暖气管道那儿被发现了一样；就像彭纳夫妇养了一只猫，那只猫打翻了它的笼子一样。最终，"时光老人"追上了它，它以3岁零4个月的高龄在床上平静地死去了。

我是在克洛艾和埃德娜·冯·特拉普一起进来时发现的，那是一只年轻的雌性仓鼠。埃德娜·冯·特拉普的眼睛里闪着邪恶的光，它抓住每一个机会野蛮地咬我，从而证明了——如果我们需要论证的话——每一只仓鼠都是独一无二、不可替代的。有很多这样的故事：当一只仓鼠死后，父母偷偷溜到宠物店，却不告诉孩子他们换了一只长得很像的替代品。我怀疑孩子们知道，只是他们从不戳破。这就有点像圣诞老人或复活节兔子的剧情了，但克洛艾肯定会知道的。

本吉

这是关于本吉的故事。来伯奇伍德的小患者里，本吉可以说是最不寻常的——比起缅甸巨蟒和致命的毒鱼来，都更胜一筹。当然，这种排名很主观，然而在我看来，本吉当之无愧，因为它是一头非洲狮。请注意，它虽然是一头小狮子，但仍然是一头非洲狮。

本吉来伯奇伍德比我早，严格来说，这并不是"我的故事"，而是这家诊所的故事，而这家诊所是我的，因此我接下来还是继续这么说吧。

阿尔·克拉克医生创立了这家诊所，他已经不记得这件事具体发生的时间了，只记得大概是20世纪60年代中期。一天早上，他接到了位于他们市中心的哈德逊湾公司的电话。厨房小家电品牌阳光牌（"Sunbeam"）销售商觉得，在促销活动上展出活的小狮子，销量一定会"火爆"。那是20世纪60年代中期，人们是会作出诸如此类事的，而且他们会用"火爆"这样的词。这只刚3个月大的幼狮就站在立式搅拌机和混合器旁边的一个小笼子里。它叫本吉，并且可爱至极。这是否有助于销售，我们不得而知，但它确实引起了人们的注意。哈德逊湾公司打电话过来是因为本吉生病了。阿尔医生能帮助他们吗？它基本上只是一只大家猫，不是吗？猫咪们都有相同的疾病和身体紊乱情况。

阿尔立即做了两件事。第一件事是，让他们马上把本吉带过来。第二件事是，他找到了多伦多那边公司高管的电话号码，并对让小狮子住在那种荒谬至极的小笼子里，承担着它这个年龄不应有的压力一事表达了震惊。而本吉一到医院，阿尔就宣布它必须留下来，绝对不能再被送回去卖烤面包机和电动开罐器。本吉基本上是患了抑郁症，因为没有得到很好的照顾，还得了继发性机会性感染。因为于心有愧,阳光牌家电销售商和哈德逊湾公司对此没有任何异议。

之后,护士们开始照顾本吉直到它恢复健康。最初,他们每天都去罗纳德大道和波蒂奇大道交界处的DQ冰激凌店给它带个汉堡包。然后有人觉得这样不行,于是打电话给动物园征求意见。随着本吉饮食的改善以及药物和护理的帮助,它很快就完全康复了。它可以出院了,阿尔有时会带它回家,邻居的孩子们会在院子里和它一起玩儿。你能想象吗?你有个邻居是兽医,他把一只幼狮带回了家,让你和它一起玩?时代不同了朋友们。

几个月后,本吉从可卡犬的大小变成了拉布拉多犬的大小,脾气还变得有点暴躁。显然,我们需要一个长期计划。阿尔一直在考虑这个问题,四处打听。最好的解决方案似乎是将本吉送到奥肯那根野生动物园,它位于不列颠哥伦比亚省彭蒂克顿附近,是一个占地面积广阔的异域野生动物公园,那儿有许多其他种类的狮子,本吉会有更大的空间玩耍。当它被装上一名工作人员的汽车后座,沿着波蒂奇大道一路向西时,每个人都泪流满面。

几年后,一名工作人员在奥肯那根度假时,一时兴起决定拜访一下本吉。她走到栅栏前,透过田野和丛生的树木往里看,视野中没有任何动物。那是一天中最炎热的时候,狮子可能在某处乘凉。于是,她大声嚷了起来:"本吉! 本吉!"然后你猜怎么着,一只美丽的成年雄狮从远处飞奔而来,把爪子搭在了栅栏上,是本吉。

休伊

阿西尼博因动物园兽医服务处现在有自己的超声波机,但有一段时间,也许是5年到10年前,在那里工作的一位兽医会定期给我打电话,内容如下:

"嘿,菲利普,你能给我拍一张'此处插入奇怪的动物物种名字'的B超片吗?"

"嗯,我们以前从未做过……但当然可以,为什么不呢?"

其中最神奇的是狼獾。你们中反应快的会立刻将这篇文章的标题和我们所讨论的物种建立起联系。是的,这只狼獾之所以被命名为休伊,是因为休·杰克曼主演了一部超级英雄电影《金刚狼》——最突出的一点是他以某种方式获得了狼獾的特征。请原谅我对由漫画改编的电影一无所知,但在打量电影海报时,我没看出杰克曼先生和动物园里的休伊之间有任何相似之处。然而,人家就是起了这个名字。

说到名字,狼獾的拉丁名是"咕噜 咕噜"(gulo gulo),翻译过来就是"暴食者 暴食者"（glutton glutton）。仅仅说一次暴食者显然是不够的。从它的潜在猎物名单，很容易看出它是如何获得这个"双重暴食者"之美誉的。众所周知，狼獾吃豪猪、松鼠、花栗鼠、海狸、土拨鼠、鼹鼠、地鼠、兔子、野兔、田鼠、大鼠、小鼠、鼩鼱、旅鼠、驯鹿、白尾鹿、北美黑尾鹿、绵羊、山羊、牛、美洲野牛、北美驼鹿、貂、水貂、狐狸、猞猁、鼬、鸟以及郊狼和狼崽。给狼獾当甜点的，有植物的根、种子、昆虫幼虫和浆果。真是个暴食者啊！然而，它要来我的诊所。

在约定的日子，后门铃响了，两个兽医技师抢着去开门。休伊要来，大家都很兴奋。不过，我不确定他们想象的是什么，看到熟睡的休伊被抱进来，大家似乎有点失望。一种足以打倒一头驼鹿的动物怎么可能被一个口套和一点镇静剂打倒呢？面对这种强壮到足以击倒一头驼鹿的动物，通常需要将其全身都固定住，并使其进入完全的无意识状态。动物园的兽医向它狂吹了很多麻醉飞镖。即便在这种昏迷状态下，它仍然给人留下了深刻印象。我记不起它的确切体重了，但大概有50磅。它平躺着，占据了检查桌所有的边边角角。当动物园兽医和技师忙着连接监控设备和气体麻醉剂来维持它的睡眠时，我仔细地看了看这个家伙。首先打动我的是它的毛皮外套。那是一种像从火焰中奔流出来的棕红般的褐色，它的身体两侧和头部的颜色稍浅，好像被漂白过，它的腿和背部的颜色呈现出一种偏黑的色调,整体相得益彰。我知道这么说很俗,但它的小外套只能用"富有光泽"来形容。我把手指伸进它的毛皮里,感觉到了一种奇怪的刺激,这比我以前感觉到的任何东西都更厚实、更毛茸茸、更柔软。同时我也知道,我伸手抚摸它的毛皮,而我的脸还没被从头上撕下来也是一种罕见的特权。

然后是它著名的爪子。其中一位工作人员向我解释说,这是电影里金刚狼的标志性特征。杰克曼先生的显然是由钢制成的,而休伊的则是由普通的角蛋白形成的,就像你和我的指甲构成一样。而休伊的爪子比我所见过的灰熊爪子更大、更硬、更锋利,简直令人刻骨铭心。鉴于它盛名在外的暴食症,它的牙齿也令人印象深刻。然而这让我想到了它的第一个问题:休伊的牙齿有问题,四颗牙都得做根管治疗。这听起来可能很奇怪,甚至有点傻,但请你记住牙齿对狼獾的重要性。此外,被请来进行手术的牙科专家(是的,有专门的动物牙科专家)提出相当于做慈善的报价,这样动物园才能够负担得起。休伊需要保持最佳状态,因为休伊要去魁北克的圣·费利西安野生动物园见它的新女友。

圈养繁殖是所有优秀动物园的核心任务之一。可悲的是,在某种程度上,现在几乎没有哪种野生动物不会受到伤害。因此,任何可以增加它们数量的措施都是有益的。然而,被圈养的狼獾很少见,全世界动物园里只有大约80只,众所周知,它们的人工繁殖相当之难。大约4年前,有一则新闻报道说,一只名叫卡什帕的挪威雄性狼獾正被空运去见它的未来伴侣凯拉。在抵达美国新泽西州的纽瓦克机场后,卡什帕开始用那著名的爪子和牙齿撕自己的笼子,差点就逃脱了。然而,休伊如果没有事先解决好自己的健康问题,那甚至没有机会在去约会的路上吓坏机场工作人员。它的牙坏了,腹部还有肿块。这就是叫我来的原因。

与魁北克动物园的婚介谈判的第一步是给休伊吹麻醉飞镖,并对它进行彻底检查,以确保它处于可繁殖的良好状态。毕竟,它11岁了,但仍是一个毫无生育记录的单身汉。在这次检查中,动物园里的兽医发现了这些牙齿问题,然后遇到了更令人担忧的事情——休伊的腹部被触检发现有一个球形物体,而它的腹部本不应该有这种球形物体。它大概有一个橘子那么大。在我看来,在动物牙科医生开始给它做四五个小时的治疗之前,用超声波给它做一下检查十分有意义。因为有一个令人悲伤的可能——如果这个肿块是恶性肿瘤,那么修复它的牙齿就没有多大意义了。

动物毛发会阻挡超声波的深入,所以我得刮掉它们。考虑到休伊的小外套是那么奢华,我把刮毛的范围缩到了最小。我用剪刀真的刮得很费劲,但它那深粉色的腹部皮肤很快就出现了。我给它抹了超声波凝胶，周围的人都停了下来，一起观察显示器。房间里一片寂静。我花了一点工夫去了解它的解剖结构，然后它——一个球状物体——就出现了，似乎与任何主要器官都没有连接。它光滑且边缘清晰，也没有什么血液供应。它看起来不像恶性肿瘤，可能是良性的偶发囊肿。休伊可以去治牙了，也可以去相亲了。

休伊去了魁北克后，我失去了关于它的一切消息。当我试图在网上查找有关圣·费利西安野生动物园里的狼獾的信息时，唯一跳出来的信息是：一只狼獾从动物园里逃走了。我想象那就是休伊，它厌倦了婚姻生活，并决定在魁北克荒野深处的一头驼鹿身上试试它闪闪发光的新牙齿。

如何让绵羊坐下

"你得请它坐下！"我左边的一个同学边笑边嚷嚷。

"不，'请'它干什么呀！你要'让'它坐下！这是一只绵羊，你个傻帽儿！"另一个从我后面喊道。

"她说绵羊坐下！"第三个人笑了，"快连起来说三遍！"

教授给了他们每人一个宽容的微笑，然后走到作为讨论中心的绵羊身边,那是一只年轻的萨福克母羊。

"你们谁都不知道?"她问。

我们都摇了摇头。

教授是一位身材健壮的中年女士,她穿着熨得平展的绿色工作服和闪亮的黑色橡胶靴,轻轻拍着绵羊的头说:"好吧,那么,你们仔细瞧好了。"

教授站在绵羊的左肩旁,面对着那只似乎对现状毫不关心的动物。绵羊正反刍着,用它的小羊脑子思考着。然后,教授俯在绵羊身上,她的右臂伸到羊的胸前,几乎把羊围了起来。说时迟那时快,她紧接着从下面抓住了羊的左前腿——离教授最近的一条腿——并将其向右拉,稍稍往前一歪,这只绵羊就立刻坐在了自己的屁股上。它的颠覆者仍轻轻地搂着它。

绵羊看上去并没有害怕,而是一副听之任之的样子。它继续反刍,好像在继续用它的小羊脑子思考。现场爆发出热烈的掌声,我们谁也没想到事情会这么容易。实话实说,这位教授平时做事极慢,甚至有点笨手笨脚,然而她竟然可以使出这等灵巧的妙招儿。

然后,她继续向我们解释可以对一只坐着的绵羊做什么,当然不是像我一个同学大声建议的那样"玩拍手手游戏",而是对它进行全面的身体检查,特别是对乳房、生殖器和蹄子的检查。因此,绵羊在很大程度上是她最喜欢的患者。你去检查牛、马、猪或山羊的下体时，它们不可能安静坐着。不要去试。

然后就轮到我们了。我们在谷仓里自由活动，任意去抓一只绵羊，让它坐下。我在一个遥远的角落里找到了我的那只。我一直很喜欢绵羊，虽然是一种抽象的喜欢。我毕竟是个城市男孩儿，是在没有接触过任何大型动物的情况下，想尽办法才考进兽医学院的。与农场有关的一切对我来说都是全新的。考虑到这点，最初几周我能够顺利通过大型动物医药学的学习，而没有被马踢到头部，也没有被公牛压到牛棚的墙上，我真的如释重负。对于没有经验又一派天真的人来说，这些真的都有可能发生，而我就是那个没有经验又一派天真的大男孩儿。因此，我长舒一口气，向绵羊实验室致意。

我向我的绵羊问好，蹲下来好好地搔了搔它的耳朵，清楚地表明我不是一个威胁。从远处看，绵羊是可爱的动物，它们毛茸茸的、性情温和，但近距离观察会发现，它们有着奇怪的长方形瞳孔，这让它们看起来比我想象的更陌生、更疯狂。这就像看到人的头上长出了小小的触角。但我没有被吓倒，这毕竟是一只绵羊，尽管长着一双令人毛骨悚然的眼睛。我们要成为朋友，然后它要为我坐下来，换取教授的表扬。毕竟，肖特不是一个从城市来的傻帽儿。

我又搔了搔羊的耳朵，拍了拍它。我决定叫它南希。好开心啊！我环顾四周，看其他人是否也和我一样开心。大多数人的羊已经坐下了。这个效果太逗了，这些羊看起来像准备去看电影，或者在涂指甲油。我笑了，但我意识到自己最好开始办正事。我最后一次搔了搔南希的耳朵，站好姿势，伸手绕过它，从下面用力拽它的左前腿。

什么都没发生。

南希没有坐下。它一点动静都没有，甚至连叫都不叫一声。

我又试了一次，改变了一下角度，轻声鼓励着它。

还是什么都没发生。

我又试了两三次后，才意识到身后有人。是教授。我是最后一个还没让绵羊坐下的学生。

"菲利普，你太温柔了。你真的必须猛拽那条腿。这不会伤害它们的。"

"猛拽"南希的腿？她是怎么知道不疼的？

但我是个听话的学生，我照做了。我使劲拽了一下，南希坐了下来。和其他绵羊一样，它看上去泰然自若。"又一个秋天。又一批绿色的学生。爱怎么着怎么着吧。这里吃得不错。"这可能就是那些绵羊内心深处的想法。如果你听到"绵羊有思想"这句话就狂笑不止，我劝你查一下最近关于绵羊识别人脸能力的研究。它们显然和大猩

242

猩一样擅长这个。在一项研究中,绵羊被训练得能认出杰克·吉伦哈尔、艾玛·沃特森和巴拉克·奥巴马。你会从这些选项中得出什么结论呢?

就是这样。现在你知道如何让绵羊坐下了,而且对它们的智力肃然起敬。但你读完后,真的应该试着连续说三次"她说绵羊坐下"!

远远的爱

我爱我所有的患者。我不一定爱我所有的客户,但是我爱我所有的患者。诚然,比起一些动物,我更爱另一些动物,但从某些方面来说,我爱所有的动物。这听起来可能非常幼稚,但我觉得即使是发疯的暹罗猫和精神错乱的腊肠犬的内心深处也觉得自己是无辜的。它们只是害怕而已;或者只是因为那天它们过得很糟糕;或者是因为它们不同意我对它们的私密处进行检查,但是又不知道该用怎样的方式来表达。我虽然爱我所有的病患,但不喜欢给它们看病。对于一些动物,我最好保持一个合理的距离去爱。这是因为给它们看病可能会导致受伤,就像我前面提到的发疯的或极度狂躁的小动物;或者给它们看病可能导致沮丧,刺猬就是这样。

刺猬在某些方面是可爱的,但在许多方面是令人沮丧的,至少对于负责对它进行身体检查的兽医来说是这样的。我会以刺刺为例[顺便说一句,众所周知,90%的刺猬被命名为刺刺、尖尖或针针。其他10%的刺猬被命名为索尼克(《刺猬索尼克》)。这些统计数据中可能存在一些误差]。

刺刺是一只非洲迷你刺猬———一种常见的宠物品种,属于一对刚搬来的年轻情侣,他们身上遍是穿孔和文身。不知道是在哪个网站,他们发现了一只刺猬是理想的入门宠物的建议。这是假的,稍后我会作更多的解释。

"那么,今儿这个小家伙为什么来呀?"我问。

"它最近一直在呼哧呼哧地喘。"年轻男子说。

"而且它不怎么活跃了。"年轻女子补充道。

"它的吃、喝和大小便怎么样?"

"这些都没什么问题,但它喘得真的很厉害!"

那个年轻男子的膝盖上是用毛巾包着的刺刺。他把它递给我。"你从这儿都能听到,透过毛巾都能听得见。"

的确。刺猬的呼吸声通常都会比较大,它们会发出一系列的鼻塞声,但这次不太一样。刺刺呼哧呼哧的喘气声能被我们感觉到,它的呼吸听起来也显得很是吃力。

"你说得对，声音确实挺大！让我们看看。"我示意主人把刺刺放在桌子上。他打开毛巾，露出一个全身覆盖着小刺的球，每一寸肌肤上都是刺，就像受虐狂抓球游戏中的球。像我的绝大多数刺猬病患一样，刺刺先评估了周围的威胁，发现威胁还挺严重，于是决定把自己蜷成一个严密的防守球。我可以检查它的脊椎上的刺，也能听到不健康的呼吸声，但仅仅如此而已。你可能会认为检查很快就能结束，但结果用了很长时间，因为我首选的技术就是：等待。理论上，刺猬最终会意识到，它的饲养员可能根本没有把它送到一个让它去接受攻击的地方，然后它会逐渐开始放松。当它放松时，会考虑伸展身体。一旦它开始伸展身体，诀窍就是再等一会儿，因为如果你立刻开始检查，它将立即再次卷起来。所以，你再等一会儿，抑制住看手表的冲动，竭力不去理会你日程表上时间马达的轰鸣之音。

一声叹息。

当你等待的时候，刺猬将有望开始探索桌子，慢慢地挪着小脚丫，一边嗅一边抽动它的小鼻子，试图识别危险因子或其他的什么。你如果足够幸运，并在正确的时间里作出了完美的判断，就可以开始小心翼翼地、温柔地检查这只小野兽。

这就是刺刺。我们仨观察并等待着。我们聊起了刺刺的健康，聊起了天气，聊起了他们的文身。每当刺刺将身体舒展开来并在桌子上游荡，而我刚刚冒出"我马上就检查它"的念头时，它就会在瞬间蜷起身体。怎么办？如果不用镇静剂，全面检查似乎不可能完成了，但我们又不能用镇静剂，有些因素会导致刺刺喘得更厉害，让情况变得非常危险。但我至少要听听它的肺音，近距离观察一下它的脸，尤其是它的鼻孔。

首先，我们试着把听诊器放在主人的手掌上，然后让刺刺趴上去。当刺刺终于舒展开身体时，主人轻轻地把听诊器的拾音器按在它的胸口上。而我虽然听着它的心跳，但并不看它，这样它就不会产生错误的想法。之后的检查是通过在检查台上放置一片有机玻璃（它是麻醉诱导盒的盖子）来完成的。刺刺在上面将身体展开后，主人慢慢地把它举起来，这样我就可以从下面看它。我可以通过这种方式接近它的脸，而不是直接面对着它。刺刺大概是被站在固体空气上的感觉弄糊涂了，根本就没注意到我在看它。

这项检查完成得远不够理想，但足以让我冒险作出一个有理有据的猜测，即刺刺得了肺炎。治疗方法是服用草莓味的抗生素液，主人相信他们能够给它喂下去。显然这个治疗方法起作用了，我再也没有看到过刺刺。几年后，当我再次见到这对主人时，他们带了只小猫过来。他们把刺刺送给了一个朋友，那个朋友更像个夜猫子，而且猫也没有那么多事。记得我说过我会解释为什么刺猬不是理想的宠物吗？刺猬是夜行动物，它们喜欢在运动轮上奔跑，整夜都会发出让人震惊的噪声。此外，出于一些不可理解的原因，刺猬喜欢边玩运动轮边排泄，所以当你醒来（假设你睡着了）时，常常会有一大堆脏东西需要清理。有些人显然不介意，但很多人都会介意这一点。请记住，刺猬在照片中也一样可爱。所以，远远地爱它们可能是更好的选择。

雪貂人

"我听说你就是那个雪貂人。"这句神奇的话是一位个子不高，留着绿头发，戴着鼻环，手和胳膊上满是蓝色圆珠笔涂鸦的年轻女人对我说的。我十分惊讶，这么多年来从来没有人这么叫过我。自从在伯奇伍德动物医院工作以来，我大概只见过6只雪貂。

"我怎么不知道？"我笑了。

"嗯，朗达就是这么说的。"她笑着回答。

"朗达？"

"马尼托巴雪貂协会的。"

啊，现在我知道了，原来是那位马尼托巴雪貂协会女士。她是几个月前来的，我诊断她的雪貂有肾上腺疾病。我以前跟她提起过，我在兽医学院研究过雪貂疾病，大四的时候报名参加过一个特定的异宠轮值的项目。我想这让我在她心目中成了一个"养雪貂的"，或者说，很明显，成了一个"雪貂人"。这让我想起了我的妻子洛兰，在一次会议上向一只沙皮狗（你懂的，那些拥有超多皱纹的狗狗）的主人随口提到她参加过一次关于沙皮狗疾病的讲座的事，那位客户随后宣布洛兰是一位"沙皮狗专家"。我必须冒着得罪沙皮狗爱好者的风险说一句，宠物医生并没有很想在自己的诊所里看到大量的沙皮狗。相比之下，被称为"雪貂人"就还好啦。

那只尚待诊断的雪貂，一个叫作"赫克托"的如闪电般迅速的毛皮圆筒子，刚刚冲到了疫苗冰箱的后面。雪貂在不同的物理和几何维度上生活，无论是多小的地方都能钻进去。雪貂的主人很快就懂得了除非先看看垫子下面有没有雪貂，不然绝对不轻易坐在任何一个地方。

"赫克托，出来吧！赶紧来看看你的新医生！"

在女人对着冰箱后面不情不愿的赫克托喊话之际，我问她："那么，今天是哪阵风把这个快乐的小伙儿吹到这儿的呢？"

"它有时表现得跟吸了毒似的,它会突然间盯着空气开始摇摆。太恐怖了!"

这就对了。我知道这是为什么,说不定我就是一个雪貂人。

我问:"不跳的时候它怎么样?"

"哦,除此之外,它都很正常。和我们家的汉弗莱、哈罗德和亨丽埃塔一起流泪。跳黄鼠狼的死亡战舞!什么样的都有!"

我能理解她。养雪貂就像养一只永远也长不大的小猫咪。它们在制造混乱这方面天赋异禀,且让你永无宁日。大多数人喜欢小猫咪是因为它们很可爱,但大多数人也会很快就开始期待小猫咪长大,成为一只成熟的猫咪。而雪貂是为那些永远不想让小猫咪长大的人准备的。这些人往往是一些单身青年和没孩子的夫妇。你不会看见大忙人养雪貂,也不会看见那些体力不支的老人养它们。

"它多久这样一次?"

"现在一天好几次。"

赫克托扭动着挣脱出双脚,又冲到冰箱后面去了。

"它最后一次吃饭是什么时候?"

"它在今天早上7:00左右吃了它的早饭。"

"那么,那是7小时前的事了,这对雪貂来说算是绝食了。好。你看,我想赫克托可能是低血糖发作了。正常情况下,它的身体应该能够保持最低血糖水平,即使禁食,至少也能保持一段时间。但在这种情况下,它的血糖水平会迅速下降。因此,我如果现在采集血糖样本,可能就会立刻知道情况了。"

我接着解释了什么是胰岛素瘤。她又把赫克托从冰箱后面拖了出来。胰岛素瘤是胰腺上的一个小肿瘤,导致的后果与糖尿病导致的恰好相反。糖尿病患者没有足够的胰岛素,所以他们的血糖保持在高水平;而胰岛素瘤患者有过多的胰岛素(胰岛素是由肿瘤分泌的),所以他们的血糖会很低。在其他物种中,这种情况非常罕见,雪貂的肾上腺疾病在其他物种中也非常罕见。事实上,这些情况在北美以外的雪貂身上也非常罕见。主流的理论是,这一切的罪魁祸首是"建立者效应",即少数祖先将它们的遗传缺陷传给了大部分后代,事实上,这里所有的宠物雪貂都是少数几对雪貂的后代。另一种理论说,这是因为我们这里的雪貂的饮食状况和世界其他地区的雪貂的不同。

赫克托又回到了检查台上,但看上去又准备逃之夭夭。通常情况下,可以给它们喂食类似雪貂康(Ferret Tone,一种呈液体状的棕色雪貂营养膏)的营养补充剂来让它们保持镇定,大多数雪貂都对此非常上瘾,但我得先从它那里得到血糖的读数才行。

"我要带它去实验室,这样他们就可以给它抽血,然后我会好好给它做个检查,之后我们就可以给它喂雪貂康了。"

事实上,它的血糖太低了。除此之外,它的身体还算不错。赫克托长了一个胰岛素瘤。这可以通过手术去除,但赫克托的年纪有点大了,主人选择通过给它用药来阻断胰岛素的生成,这在很长一段时间里都会管用的。赫克托舔食了好多好多的雪貂康,它的血糖再次飙升了。它很高兴,它的主人也很满意,因为她现在知道到底出什么问题了。我也很高兴,这至少可以侧面印证我的新绰号是有根据的。

我又在马尼托巴雪貂协会的会议上做了演讲。第二年我刚好40岁,工作人员用40张雪貂的照片把诊所装饰了个遍。我真的是个雪貂人了。那几年真是我的雪貂巅峰时刻。后来我就把精力转移到了超声波上,而雪貂主人发现了其他那些想到要诊治雪貂不会感到厌恶的兽医(在我们这一行里,有人对雪貂有着令人惊讶的强烈偏见,简直毫无道理)。我已经10年没有被称为"雪貂人"了。我仍然会遇到一些雪貂病患,我也挺喜欢诊疗它们的,但我知道星星之火早已燎原,在远方有人会被叫作"雪貂男"或"雪貂女"。我觉得这很棒。

另一件我很不擅长的事

还有一件？是的，我有一张单子呢。第一个例子见我的第一本书《宠物医生爆笑手记》里"我不擅长的事情"的那章，其中包括收集狗的精液，我就点到为止。如果我写第三本书，还会有一章叫"还有一件我很不擅长的事"。我想我可以在每本书中举出不止一个这样的例子，由于这些书的一些读者也是我的客户，我不愿意过多地刺激他们。敲敲小警钟是可以的，但不要警铃大作。

现在，我不想假装谦虚。当然啦，我擅长的方面有很多，但有时积极和消极可以代表一枚硬币的正反面。以记忆为例，我对一些深奥的琐事记得很牢。事实上，这是一个绝妙的长处。30年前，我不得不回答这个问题："老鼠的肾脏里有多少个肾单位？"我仍然记得答案：3万。我还可以按顺序列出前20位罗马皇帝（奥古斯都、提比略、卡利古拉……），说出布基纳法索的首都（瓦加杜古），也可以说出世界上所有其他国家的首都。但我观察到，像我这样对这类事情有记忆的人也可能会出现一阵一阵的遗忘的情况。我相信你也注意到了这一点。这是硬币的另一面。

为了不让我的客户对此过分担心，我得赶紧补充说明一下。我的工作强度会激发我一定程度的注意力和专注力，它们在工作中通常会防止我的这种缺陷被激活。通常只有在我放松、休息的时候，我的间歇遗忘才会表现出来。

以上只是序言。这实际上是一个关于松鼠幼崽的故事，也是关于不应该让我负责去释放它们的故事。

有关兽医实习的一个未提及的方面是处理孤儿或据称为孤儿的野生幼兽。几乎每一周我们都会接到一个电话，问我们该如何救助一只看起来孤零零的野生动物幼崽。通常人们会带着他们的"救助"出现，他们经常带着有气孔的鞋盒走进来。我想这样的盒子里偶尔会装着一只宠物仓鼠或沙鼠，但它们通常都是被放在笼子里的。不，鞋盒是一个近乎通用的信号，表明里面有一只小小的野生动物。

在我们继续往下说之前，我需要发布严厉的声明："不要这样做。"这和耐克的广告语正好相反。你如果发现了野生动物幼崽，先不要轻易地去假设它们是孤儿。除非你在附近看到一位死去的母亲，否则它们很可能不是真正的孤儿。即使它们是孤儿，大多数被圈养的野生动物幼崽的存活概率也很低。

然而，在我将要描述的案例中，我们知道松鼠母亲已经去世，4只孤儿松鼠的年龄足够大，且断奶前的寄养期预计会很短。不用说，孤儿的年龄越大，成活的概率就越大。而且，这位准养母是诊所里的一名员工，在动物护理方面，她的知识超乎常人。此外，对一盒小松鼠实施安乐死也不是什么好事。我们会给它们一个机会的。

松鼠很强壮，也很勇敢。许多其他野生动物在被人类处理时会产生过多的压力，基本上都会死于恐惧，但有些松鼠似乎并不在意："人类，赶紧给我好吃的。"我们的4只松鼠就是这样。它们允许人类用奶瓶喂它们，就好像它们在为参加某种初级松鼠先生或女士比赛而努力增重。它们咬，它们抓，它们拉屎，它们撒尿，它们爬，它们到处跑来跑去，它们通常表现得像吸了冰毒的毛茸茸的小野蛮人，堪称幼崽世界的成吉思汗。但它们有着闪闪发光的动画式的眼睛、抽抽着的小鼻子和华丽的浓密尾巴，所以每个人在一开始都被迷住了。

我们估计它们被发现时的年龄在6周左右。你可以在8周时开始用固体食物给松鼠断奶，这一过程需要2周至4周。我们选择了2周，即使在那时，我们也感觉不够快。很明显，在它们真正征服寄养人的家、驱逐人类并在窗前挥舞它们的野蛮松鼠旗帜（橡子和骷髅旗？）之前，它们需要尽早被释放。但在哪里释放它们呢？尽管事实上我们发展起来的爱恨关系已经开始向仇恨倾斜，但我们依然对它们充满爱意，没有人希望看到这些小浑蛋立刻被车碾死，或被乌鸦吃掉，或被狗袭击，或以其他方式迅速死亡。

"菲利普,你在河边有一个很大的院子,院子里有很多树,你可以在那里照看它们……"

"我确实在河边有一个很大的院子,院子里也有很多树,我可以在那里照看它们……"虽然我不清楚我到底要怎么照看它们。然而,这似乎是个好主意。

于是有一天晚上,在我下班的时候,有人递给我一个笼子,里面有4只任性的小松鼠,它们像自动发射的乒乓球一样四处狂蹿。我的孩子们很高兴,我的猫很好奇,那时候我们还没有狗。我看着我们的院子,它对小动物来说,本质上是一片森林。我们这里早已有了一个健康的松鼠种群,我不知道它们的领地有多大,考虑到我曾看到过一些松鼠在追逐其他松鼠,我怀疑答案是"非常"大。

哎,怎么办呀?

然后,我想到了一个绝妙的主意。我们在河边有一个围着屏风的露台!那儿将是释放它们的最佳场所。我会把食物放进去,4只松鼠可以在那儿待上几天,让其他松鼠邻居习惯它们的存在并冷静冷静。让所有相关的松鼠都不觉得震惊和突然。聪明吧,嗯?

在这里我要停顿一下,再次提醒你这个故事的标题是"另一件我很不擅长的事"。事实证明,我在释放小松鼠方面做得很糟糕,因为我可能忘了什么。我到底忘了什么?

这个事实：屏风阻挡不了松鼠。

第二天早上，我带着洛兰和孩子们去看小魔术师的时候发现它们走了，露台的侧面有一道参差不齐的裂缝。起初，我有一种不理智的猜想，我想着可能是有一些松鼠领袖闯进来，4只松鼠被入侵者抓走了。但洛兰指出，更有可能的是，我们的松鼠小队只是看了一眼光秃秃的露台，将其和外面茂盛的森林对比了一下，然后对彼此说了一句："去他的！"

说得对。至少它们回到了野外，尽管露台上的屏风付出了代价。

几年后，当我看到松鼠在我们的院子里跳来跳去时，我都会想，"你们中谁是成吉思汗？"显然，是最坏的那只。

宠物鼠／野耗子

2011年，哈尔·赫尔佐格出版了一本畅销书《为什么狗是宠物猪是食物？》（*Some We Love,Some We Hate,Some We Eat*）。赫尔佐格是一名人类动物学家，他研究动物和人之间的关系。在这本书中，他特别谈到了，我们对待与我们关系密切的不同物种的态度简直有着天壤之别。有时这种巨大的差异在对待同一个物种上也表现得淋漓尽致。当洛兰还是个小女孩时,她惊恐地看到温尼伯以北的亨德森公路边有一块手写的牌子,上面写着"兔子:做宠物或者做成肉"。几个月前,我们的实践检验不合格,当时这个难题就在我脑海中萦绕不去。

兽医协会每隔几年就会派出一名检查员对我们的医院进行检查,检查员会列出一份详尽的检查表,表中涵盖了与我们的设备、药品、记录保管和设施有关的一切。在一两个挑剔的技术问题上不合格,这很常见,我不会因此太过紧张。他们会给我们一个宽限期,让我们作出一些必要的修正,然后太阳照常升起。然而这次判定我们不合格是因为我们这里有一只老鼠,也就是一只野耗子。检查员在柜子里四处摸索着,最后在柜子的深处发现了一些散落的老鼠粪便。工作人员坦白说,几周以来,他们发现宠物食品袋的角都被啃破了。直到那时候他们才告诉我,老鼠实际上是一个客户带进来的,他在自己家里发现了那只老鼠——被猫咪吓坏了。谁也没来得及做检查,它就以迅雷不及掩耳之势逃跑了。它闻到了宠物粮的味道,感觉自己已经进入了鼠之天堂。工作人员都叫它X先生。

随后我们展开了一场颇为情绪化的辩论。下毒这个选项立刻被排除了,即使是那些致命的、不会伤害到我们任何病患的陷阱也被许多工作人员排除在外了,谁也不能保证陷阱能够迅速地无痛致死。

兽医是否能够有意地给有感知能力的动物造成痛苦呢，即使它不是宠物？在它破坏袋装食品的时候可以吗？在它威胁到实践检验需重新认证的情况下可以吗？答案是否定的。一个兽医不可能昧着他的良心干这样的事情。在找到合理的替代方案之前，兽医不会这样做。因此，我们设置了活陷阱。

就在这出戏上演的同一天，我看到了嘀嗒、嘀嘀和嗒嗒[①]三只宠物鼠。嗯，我只看到了嘀嘀，因为嘀嗒和嗒嗒躲在笼子的木屑刨花下面，无论如何，这都不是它们来的原因。它们只是一起去兜风而已。然而，嘀嘀有点令人担忧。老鼠们和一个年轻人住在一起，我认为那个人有点儿心理健康问题，他住在市中心，靠某种营生维持生活。他经常由一名社工陪着过来。他不管在生活中遇到了什么样的挑战，在老鼠的护理方面都堪称所向披靡。他对此一丝不苟，但也通情达理，而且还有着丰富的知识。事实上，在他来过以后，我就觉得有必要多读一点关于鼠类医疗护理的书，我如果对他的提问答得含糊，会觉得不好受。兽医们并不会特别关注鼠类这个物种，因此我对救治

[①]　"Hickory, dickory and dock, the mouse ran up the clock"出自英国传统童谣 *Hickory Dickory Dock*。歌词里的"hickory, dickory and dock"来自古英国的凯尔特语，早在英语出现之前，这3个词代表数字：8、9、10。虽然现在这门语言已经不再流传，但是很多牧羊人还会用这些词来数他们的羊。现在英语里，"dickory"有计时器的意思，也可被当作象声词，一语双关。"hickory, dickory and dock"也可以理解为模拟挂钟嘀嗒响的声音。——译者注

它们几乎没什么经验。

"它上手乖吗?"我问,并小心翼翼地看着这只小小的花斑啮齿动物。老鼠是出了名的会肆意咬人。嘀嘀用它那双明亮的小黑眼睛盯着我,但它的面部表情和肢体语言令人费解。

"哦,是的。嗒嗒特爱咬人,但嘀嘀很乖的。"

"嘀嗒呢?"

"取决于当天的心情。"

好在是那只不咬人的老鼠病了。我把嘀嘀舀起来,放在小厨房的秤上,我们用这样的秤来称微型宠物的体重。20克。我最大的病患阿尔伯特一次能吃下6250个小嘀嘀。你将在下一个故事中遇到阿尔伯特。

"哦,我知道问题在哪儿了。"我一边说一边轻轻地把嘀嘀翻了过来,露出了它肚子上的一个肿块。

"乳腺癌?"年轻人问道。

我仔细地摸了摸肿块,它硬邦邦的,疙疙瘩瘩的,而且连着一个乳头。"我认为是这样,你可能是对的。我很抱歉。"

他说了句脏话,然后平静地说道:"抱歉我失态了。我养它们的运气实在是太糟糕了。"

"也许吧,但它们能和你在一起很幸运啊。没有多少人能像你这样关心他们的宠物鼠。而且,不幸的是,老鼠真的很容易患癌症,因此你的运气可能只是一般,而不是很糟。"

"那我们能做些什么吗?"

"好吧,理论上来说得做手术,但我并不推荐。你懂的,对一只老鼠来说,它真的上年纪了。2岁的……"

"28个月。"年轻人插了一句。

"是的!哇哦!这个肿瘤现在看起来并没有让它很难受,现在我们最好让它享受生活,直到这个肿瘤开始对它产生影响。"

"好的。我需要确定这到底是什么,然后有没有什么是我不该为它做的。"

"没有没有,你只要爱它就好了。"

这么说的时候,我敏锐地意识到说去爱一只老鼠的讽刺意味,当时我们正在给嘀嘀的一位远亲设置陷阱。事实上,正是在这个房间的一个柜子里,X先生肆意排泄,导致我们宠物诊所没通过检查。我不知道X先生是不是正在看着这一幕奇怪的戏剧:它的敌人正在抚摩它那位被俘虏的、生病的表亲,而它的表亲小嘀嘀还任由自己被敌人抚摩。如果它在看的话,我想知道它对于嘀嗒、嘀嘀和嗒嗒的小生活是同情还是忌妒。对我来说,这些想法当然很蠢,但我完全克制不住地想。

大约1个月后，嘀嘀在睡梦中平静地去世了。这可能不是因为肿瘤，而是因为它到年纪了。与此同时，对X先生的追捕还在继续。活陷阱总是空的，我们还是能在橱柜里发现老鼠屎。一名工作人员指出，我们在陷阱中布下的美味诱饵可能不起作用，因为它依然可以吃到宠物食品，因此我们历经千辛万苦把食物放到了老鼠够不到的地方，但仍然不奏效。[①]X先生是个狡猾的客户。我原以为这实际上是一位X女士，它有很多小X宝宝，但工作人员确信这是一只单身鼠，绝对没有宝宝。他们是对的，因为有一天老鼠消失了。我们再没看到老鼠屎了，也没有袋子再被啃了。X先生清楚地知道它是在碰运气，并决定换一家再说。毕竟，我们隔壁就有一座空房子，那里曾是一家中餐馆。那里有更多的自由，更少的压力，是真正的野生老鼠天堂。

我最大个儿的病患

我不是治马的兽医，所以我最大的病患不是克莱兹代尔马；我

---

① 但仍然不奏效，英文为"but still no dice（mice?）"，"dice"有骰子的意思，"mice"指老鼠，此处有谐音意味。——译者注

也不是治牛的兽医，所以最大的病患不是夏洛莱公牛；我也不是动物园的兽医，所以我最大的病患也不是大象。我是一名宠物兽医。正常情况下这意味着我最大的病患是大丹犬或肥胖的獒犬，直到我遇见了阿尔伯特。阿尔伯特是一条125千克以上、超过6.6米的缅甸蟒。然而这些都是估值，你没有办法称量一条蟒蛇，虽然可以用秤和卷尺，但蟒蛇从来都不会躺成一条直线或者乖乖地静止不动，因此我们就没费心去确认它到底有多长。我所知道的是，4个人挣扎着把它抱进诊所，把它轻轻蜷在臂弯里，他们的胳膊就像8个摇摇晃晃的支架一样撑着它。那一刻我懂了，它比我4.88米长的房间长出了很多。

现在，我称阿尔伯特为"我的病患"，而事实上它是另一家诊所转诊过来的病患，所以我只见过它一次。阿尔伯特因为停止进食而被送到我这里来做超声波检查。它最喜欢的食物是整鸡，包括羽毛在内的完整的鸡，但它已经好几个月没有吃了。这听起来可能是个急剧的变化，但蛇可以承受很长时间不进食，尤其是在冬眠的时候。然而，它的主人却很担心，因为这不是阿尔伯特正常的冬眠时间。气候一直温暖，湿度也很高，它的栖息地也有利于活动和进食。接转诊的兽医给它做了X光检查——很多很多的X光检查，范围覆盖了它身体的大部分。如果你想象的是一面墙上，然后在拐角处转到了另一面墙上有20张X光片,那么这会让你失望了——它们只是些数字X光片,所以只能通过滚动浏览。在看其中一张X光片时,那位兽医突然发现阿尔伯特的心脏附近有一个肿块或某种东西。这就到了运用超声波的时候了,X射线显示有阴影,而超声波会显示阴影是由什么组成的。我以前从来没有用超声波检查过蛇,更不用说是这么大的蛇了,但我发现事情没有我想象的那么难。毕竟所有的影像都出现在一条管道里,清清楚楚。检查桶状动物,比如一些肥胖的獒犬是很困难的,因为超声波束越深入动物的身体,那些图像的质量就越差。我非常兴奋,员工们更是激动不已。

"他来了!他来了!"接待员安柏欢呼雀跃,时刻准备着蹦出来,"我叫他开到侧门来,让他尽可能地靠近超声波室!"

我们一群人都聚集在了侧门前。我打开门,看到一个和我年龄相仿的男人从一辆锈栗色的四座克莱斯勒里出来,他留着一头乱乱的灰发,穿着一件铁娘子的T恤。

"蛇在哪儿呢?"几个工作人员同时发问。我们走到车前,我向蛇的主人做了自我介绍。他说话温和,彬彬有礼,坚持让我叫他罗德。他因我同意为阿尔伯特做检查而一再向我道谢。与此同时,工作人员通过车的后窗向里看。

"它在里面!哦,我的天哪,它太大个儿了!"

事实上，它确实挺大个儿的。阿尔伯特在里面，蜷在后座上，就比阿富汗猎犬矮么一点，它简直是巨物。一群志愿者紧随其后，争相成为载蛇人之一。罗德托着阿尔伯特的头，我带路去了超声波室。大家把阿尔伯特放在地板上后，它立即开始在地板上滑行，观察这个新环境。我不得不把几个工作人员赶出房间，以便我们有足够的空间来工作。然后我开始给它做超声波检查。更准确地说，我尝试着开始给它做超声波检查。这里有个问题。我本应该预见到这一点，但在渴望有一条缅甸巨蟒作为病患时，我并没有真正考虑过这个问题。问题就是我不知道阿尔伯特的心脏在哪里。

　　哺乳动物、鸟类，甚至蜥蜴等爬行动物身上，都有一些外部标志来指引我放置探测器。根据四肢、肋骨和胸骨的位置，我通常在一两厘米之内去判断心脏的确切位置。然而蛇没有四肢，你在那紧绷起伏的肌肉下也感觉不到肋骨或胸骨的位置。紧绷的、波浪般起伏的肌肉也造成了另一个问题，但等会儿再说这个问题。文献和解剖学图示表明，蛇的心脏在它身体的1/3左右的位置上，这个推测范围仍然很大。幸运的是，我们拥有足够多的时间，所以并不着急。我坐在阿尔伯特旁边的地板上，罗德抱着它的头，我开始尽可能地去探测心脏的位置。这时，那紧绷的、波浪般起伏的肌肉就开始出问题了。阿尔伯特动了起来，盘成了圈。

"对不起,医生,它如果想盘的话,就会盘起来的!"罗德笑了。

他完全正确。你无法阻止一条这么大的蛇去做它想做的事,而在那一刻,阿尔伯特想盘一点儿,所以就盘了一点儿。

"别担心,它很平静的。"他笑得更愉快了。

我并不是很担心。我的意思是,除了偶尔遭遇不幸的小孩儿,有多少成人真的是被缅甸蟒重伤甚至杀死的?根据谷歌的数据,从1978年到2009年,只有7人因此死亡。这比雷击或被热狗噎住造成的死亡数目要少得多。虽然阿尔伯特非常有力量,但它的移动速度很缓慢。我如果一直坐在那儿等着被它绞死,那么可能也有点问题。还是说回"非常强大"的肌肉吧,那些鳞片下的肌肉的力量简直让人惊掉下巴。它第一次推我的手时,我想我的嘴确实张大了一点,那感觉就像被液压升降机推着一样。我没想着给它推回去,那比正面对抗一辆迎面而来的公交车简单不了多少。

"好吧,那就这么着吧!"我一边说着,一边在阿尔伯特身边拖着脚走来走去,试图保持探头的位置。根本就没有明确的标志,所以我移开探头后,很难准确地记住我上次到底摁在了哪儿。我向一名工作人员求助,让他在探头滑开时(想象一下超声波凝胶加上光滑的鳞片)放下一只手来做标记。这是很艰难的,但我们终于取得了进展。阿尔伯特不停地移动,我们也不断地调整,最终,通过利用多普勒血流仪检测血流，我找到了心脏。然后我发现了问题，它的心脏前面一点就是我同事在X光片上看到的那个肿块。他和罗德都希望这只是一个囊肿，而且可以引流，或者甚至只是一个人工制品（X光片上似乎是这么显示的，但实际上不是）。我可以看出它是个实心包块，一个有着良好血液供应的固体组织。它所在的位置阻塞了大部分食道。这是管状动物的一个特点——任何多余的东西都能轻易挤压与之相邻的结构。目前他们尚不清楚这是肿瘤还是肉芽肿（肉芽肿可能是由鸡骨头刺穿它的食道造成的），但无论如何这都意味着一场手术。

罗德非常伤心。他对这条蟒蛇的爱跟我对狗和猫的没有什么不同。阿尔伯特年纪太大了，已经不适合做手术，技术上来说也很困难。一名平日很安静、行事也很低调的技术人员抱起了阿尔伯特，就像跳康茄舞一样轻轻托着它，把它带回了克莱斯勒。大约1年后我偶遇了那位同事，他向我证实，阿尔伯特最终还是去世了。罗德后来养的还有其他人养的蛇，包括我在进行超声波检查时见过的另一条壮丽的金蛇，都没有一条像阿尔伯特那样巨大，也没有一条能像阿尔伯特那样和罗德亲密无间。

尾声:出于对动物们的热爱

我的灵魂一直有点多动不安,我不断地鼓捣又调整我生活和周围的方方面面。不过先说一句啊,都不是什么大事儿。大多数时候都只是小幅的变动。小时候,我的父母叫我小毛孩菲利普[①]——在德语中被称为"坐不住的菲利普"。其来历是19世纪的一个儿童故事,讲的是小毛孩菲利普特别多动,结果他一不小心把桌布从桌子上拽了下来,从而毁了周日的晚餐。(我可从来没有这样干过。)我肉体上的多动早已烟消云散,但精神上的多动仍然存在。这篇文章题目是《尾声:出于对动物们的热爱》,然而文章里连个动物的影子都没有,讲的是关于精神多动的事。你可坐好了啊,我马上就要讲到了。

这种精神上的多动渗透到了我工作的各个方面。我一直在琢磨,有没有什么别的更好的办法? 所有的兽医在专业上都有义务根据新知识不断改进医疗方案,但在管理的领域里会更容易自鸣得意。员工们可能已经被我不断重复的"让我们试试这个吧,让我们试试那个

---

① 小毛孩菲利普,原文为"Zappel Philip",在德语中为"Fidgety Philipp",指手脚动个不停的人,此处做本土化处理。——译者注

吧"弄得精疲力竭了，因为他们知道只有少部分的变化会真正起作用。但当他们照做的时候，我会感到高兴和自豪。例如，有件事是，我在伯奇伍德那30年里，我们有4句广告语，我觉得其中一句会永久流传。与其说它是在突出猫猫狗狗的绰约风姿，不如说它蕴含着深意。大约10年前的一个清晨，我外出散步的时候突然想到了这一句："伯奇伍德动物医院，始于1959年，出于对动物们的热爱。"我为这句广告语感到无比自豪，不再为此"多动"了。

抛开"始于1959年"这一部分不谈，"出于对动物们的热爱"不就说明了一切吗？你读这本书不正是因为这个吗（除非你是我少数几个没有宠物的朋友之一）？我写这本书不正是因为这个吗？我进入这个行业不正是因为这个吗？追溯这一系列事情的源头，不正是因为对动物们的热爱吗？如果不是因为对动物们的爱，1977年的我会那样乞求只为得到一只蒙古沙鼠吗？是的，成为一名兽医是一场意外，但这是一场因热爱动物才发生的意外。一般来说，你不在街上走，就不会被车撞。

我之前说过爱不是一个有限的情感空间，有人会觉得，爱动物多了，对人类的关心就少了。我常常发现，事实恰恰相反。它是一个正反馈的回路，能够增加你爱的能力。我多动不安的头脑偶尔会想知道为什么会这样。是不是心胸更开阔的人才能在第一时间和动物心灵相通？或者说，这句话我是不是应该反过来说？我想有时这可能是一个有效的解释，但我也有另外一种说法。我逐渐认识到，对动物的爱需要一种纯粹的同理心。对人类的同情不可避免且不可分割地被一种更大的、说不出口的甚至是潜意识的社会契约所束缚。如果你对别人好，别人也可能会对你好。也许你目前帮助的并不是一些具体的目标群体，但一般来说，你是在为一个更大的社会做贡献，最终会依靠这个社会的福祉生活。设身处地地为人类着想比设身处地地为动物着想要容易得多，也更现实。呃，把自己当成动物，有一双爪子——这需要你的想象力有一个更大的飞跃。你知道你永远不可能真正地处在动物的位置。这就是我所说的纯粹的同理心。我们如果能培养出这种纯粹的同理心，那么就更容易培养出我们人类同胞所需要的那种普通的同理心。

但归根结底，即使我说错了，即使我的观念不能促进世界的和平与普遍的和谐，对动物的热爱也足以让我们自得其乐。我们每个人都必须过上我们能过上的最好的生活，过好生命中的每一天，而那些日子难道不是因为某条摇摆的尾巴、某阵咕噜咕噜的叫声带来的纯粹的、无条件的幸福而变得更美好吗？爱的本身也是一种回报。

后记

你们中的一些人大概只是看了这本书的名字[①]就买下了这本书。现在你已经翻到了最后，然而你仍然不知道如何给金刚狼做检查。休伊的故事中隐约提到了这个答案，但并不是那么明显。也许你会有点不高兴，甚至觉得上当了，我为此表示抱歉。

答案在这里：当金刚狼陷入昏迷时，就是你该给它做检查的时候了。这是唯一的办法。没有人，我的意思是任何人都不能给一只清醒的金刚狼做检查。没有什么金刚狼的低语者，而且口罩和焊工的手套是远远不够的。如果你得知后感到很失望，那么我感到十分抱歉。要么吹一支灌满镇静剂的飞镖，要么就采取我们业内委婉地称为"远程检查"的方式，即用望远镜来观察。顺便说一句，这不仅仅适用于金刚狼。实际上，我曾经认识一只吉娃娃……那是上一本书里的故事了。

[①] 原书名直译为《如何给一只金刚狼做检查》（ *How To Examina A Wolverine* ），中文版书名经过了美化调整。

致谢

在第一本书中，我将致谢对象集中于各种良师益友和涌现的灵感，并在结尾给一些重要人物留了一小段话。这次呢，我会在文章的前面和中间就感谢他们。这些重要人物都是我的客户，过去的和现在的都有。如果不是他们给予我信任，让我去治疗他们的动物，那我就没什么故事可讲了。就这么简单。谢谢你们。

另外，我要感谢的，同样也很关键的——我的读者们。如果你们没有拿起我的第一本书，现在这本就不会出现在你们手里了。也谢谢正在阅读的你和他们。这也意味着，如果你是那个稀有的、勇敢的灵魂，既读过我的书，又是我的客户，想象一下，你得到了我的双重感谢。拥有一份很棒的事业就足够令许多人羡慕了，而你们——读者，又慷慨地给了我第二份人生大礼包。

这一页还有空余，所以如果我忘了向ECW出版社的工作人员致谢，那就是我的失职。在对待作家们时，工作人员那充满幽默的耐心横无际涯。我对他们的感激也如滔滔江水，绵延不绝。

最后，我的妻子，洛兰，她在奉献表彰大会上被众多宠物推举出来（这里运用了拟人手法，不要太当真）。谢谢你。我对你的感激三天三夜说不完。但与本书有关的是：感谢你把我拉进温尼伯的宠物诊所。那在过去可能是个意外，但一直以来，它都是一种幸福，将来也会是。

版权登记号：024-2643

图书在版编目（CIP）数据

爱与离别都是宠物想教你的东西 ／（加）菲利普·肖
特著；杜梨译. -- 北京：现代出版社，2024.4
ISBN 978-7-5231-0722-5

Ⅰ. ①爱… Ⅱ. ①菲… ②杜… Ⅲ. ①人生哲学—通
俗读物 Ⅳ. ①B821-49

中国国家版本馆CIP数据核字（2024）第052730号

HOW TO EXAMINE A WOLVERINE: More Tales from the Accidental Veterinarian
by Philipp Schott DVM
Copyright @ Philipp Schott, 2021
Published by arrangement with ECW Press, Inc. c/o Nordlyset Literary Agency
through Bardon–Chinese Media Agency
Simplified Chinese translation copyright © 2024
by Tianjin Zhiye Culture Development Co., Ltd.
ALL RIGHTS RESERVED

著　　者　　[加] 菲利普·肖特
译　　者　　杜　梨

责任编辑　　赵海燕　马文昱
出 版 人　　乔先彪
出版发行　　现代出版社
地　　址　　北京市安定门外安华里504号
邮政编码　　100011
电　　话　　(010) 64267325
传　　真　　(010) 64245264
网　　址　　www.1980xd.com
印　　刷　　固安兰星球彩色印刷有限公司
开　　本　　787mm×1092mm　1/32
印　　张　　9
字　　数　　155千字
版　　次　　2024年7月第1版　2024年7月第1次印刷
书　　号　　ISBN 978-7-5231-0722-5
定　　价　　52.00元